Marion Laureau-Varet

Biodiversité, trame verte et aménagements urbains

AF065644

Marion Laureau-Varet

Biodiversité, trame verte et aménagements urbains

Réponse des assemblages de carabiques et d'araignées dans les haies publiques de Rennes Métropole

Presses Académiques Francophones

Impressum / Mentions légales
Bibliografische Information der Deutschen Nationalbibliothek: Die Deutsche Nationalbibliothek verzeichnet diese Publikation in der Deutschen Nationalbibliografie; detaillierte bibliografische Daten sind im Internet über http://dnb.d-nb.de abrufbar.
Alle in diesem Buch genannten Marken und Produktnamen unterliegen warenzeichen-, marken- oder patentrechtlichem Schutz bzw. sind Warenzeichen oder eingetragene Warenzeichen der jeweiligen Inhaber. Die Wiedergabe von Marken, Produktnamen, Gebrauchsnamen, Handelsnamen, Warenbezeichnungen u.s.w. in diesem Werk berechtigt auch ohne besondere Kennzeichnung nicht zu der Annahme, dass solche Namen im Sinne der Warenzeichen- und Markenschutzgesetzgebung als frei zu betrachten wären und daher von jedermann benutzt werden dürften.

Information bibliographique publiée par la Deutsche Nationalbibliothek: La Deutsche Nationalbibliothek inscrit cette publication à la Deutsche Nationalbibliografie; des données bibliographiques détaillées sont disponibles sur internet à l'adresse http://dnb.d-nb.de.
Toutes marques et noms de produits mentionnés dans ce livre demeurent sous la protection des marques, des marques déposées et des brevets, et sont des marques ou des marques déposées de leurs détenteurs respectifs. L'utilisation des marques, noms de produits, noms communs, noms commerciaux, descriptions de produits, etc, même sans qu'ils soient mentionnés de façon particulière dans ce livre ne signifie en aucune façon que ces noms peuvent être utilisés sans restriction à l'égard de la législation pour la protection des marques et des marques déposées et pourraient donc être utilisés par quiconque.

Coverbild / Photo de couverture: www.ingimage.com

Verlag / Editeur:
Presses Académiques Francophones
ist ein Imprint der / est une marque déposée de
OmniScriptum GmbH & Co. KG
Heinrich-Böcking-Str. 6-8, 66121 Saarbrücken, Deutschland / Allemagne
Email: info@presses-academiques.com

Herstellung: siehe letzte Seite /
Impression: voir la dernière page
ISBN: 978-3-8416-3065-0

Zugl. / Agréé par: Rennes, Université de Rennes 1, 2011

Copyright / Droit d'auteur © 2015 OmniScriptum GmbH & Co. KG
Alle Rechte vorbehalten. / Tous droits réservés. Saarbrücken 2015

Remerciements

De nombreuses personnes m'ont accompagné dans la réalisation de ce travail. Je les remercie toutes chaleureusement pour leur contribution. Qu'elles trouvent ici l'expression de ma profonde gratitude, et de mes plus plates excuses si je les ai oubliées !

Un grand merci aux membres du jury, Philippe Clergeau, Jean-Pierre Lumaret, Christophe Bouget et Christine Rollard qui ont accepté et pris le temps de lire et de juger ce travail.

Je voudrais d'abord remercier Pauline Frileux, qui m'a fait connaître et apprécier l'écologie en milieu urbain lors de mon stage M1 puis m'a aidée à rédiger mon projet de thèse.

Un énorme merci à Françoise et Julien, mes directeurs de thèse, de m'avoir soutenue et aidée tout au long de ce travail. Merci à toi Julien pour ton enthousiasme, pour tous les conseils avisés et toute l'aide que tu m'as apportés. Un énorme merci pour tout le temps passé aux déterminations. Merci Françoise pour tes précieux conseils et tes recadrages.

Je tiens à remercier sincèrement Rennes Métropole d'avoir financé ce travail et de m'avoir fait connaître le monde des collectivités territoriales ; milieu dans lequel je souhaite maintenant poursuivre l'aventure. Merci particulièrement à Pascal (Rennes Métropole) pour s'être battu pour le financement de ce projet, ainsi que pour son encadrement, son suivi et ses conseils tout au long de cette thèse ainsi qu'à de Manu (AUDIAR) pour tout ce qui est du domaine du droit, de l'urbanisme, de la communication notamment avec les élus. Merci au service SIG pour la licence SIG sur mon poste, les cartes, les photos aériennes… Je remercie également mes chefs de service pour l'intérêt qu'ils ont porté à mon travail (Claire, Isabelle). Merci à Roland, mon collègue de bureau de quelques mois, pour son accueil chaleureux. Merci à tout le service SPEDD (anciennement DPAD). Et merci à Céline pour nos papotages. Je tiens à remercier également les maires et services techniques dans lesquels j'ai effectué mes relevés pour leur accord et leur accueil.

Je tiens à remercier ECOBIO de m'avoir accueillie au sein du laboratoire pour effectuer mes recherches et plus particulièrement merci à toute l'équipe Paysaclim et sous équipe écologie du paysage (Alain, Françoise, Françoise, Solène, Aude, Cendrine, Agnès, Olivier, Jocelyne, Yann…). Mes remerciements vont tout particulièrement à Yann pour ses cours express d'utilisation du SIG et pour sa précieuse aide. Merci également à Jocelyne pour sa gestion administrative et à Françoise pour sa création de base de données. Merci à toi Isabelle pour toute l'encre et pour nos papotages. Je tiens à remercier Sophie, Anne, Béatrice, Marie, Aurore et Juliet sans qui le travail de terrain aurait été démesuré et moins agréable. Merci à toutes les cinq et bonne continuation. Je remercie évidemment mes collègues de bureau du laboratoire : Violette, Thomas et Diab puis Guillaume et Olivier qui m'ont accueillie quand mon ventre s'est arrondi. Merci à vous pour l'ambiance très conviviale du travail.

Merci également à Sandrine Baudry et Caroline Chevance pour leurs précieuses aides de correction d'anglais et de Français.

Enfin, tous mes remerciements et toute ma tendresse vont à ma famille Sophie et Yvon, Thibaut et Gaëlle, Fred évidemment, qui m'ont soutenue et supportée. Merci de votre patience. Tendres pensées à Zia et Macéo.

Sommaire

1. Introduction..5

2. Matériel et Méthodes générales..25

3. Relation entre milieu urbain et milieu rural..41

4. Lien entre l'âge des quartiers et la biodiversité 63

5. Formes urbaines et biodiversité..81

6. Effet des facteurs environnementaux à différentes échelles sur la biodiversité 115

7. Conclusion générale..137

8. Bibliographie générale..153

9. Annexes..181

1. Introduction

1.1 Urbanisation

La population mondiale en 2007 présente un taux d'accroissement estimé à 1.2, les projections démographiques envisagent que la population mondiale atteindra 7.962 milliards d'individus en 2025 et 9.294 milliards en 2050 (World Population Data Sheet[1], 2007). Cette augmentation de la population et le mode de vie actuelle tendent à augmenter l'urbanisation de la population et les pôles urbains. L'urbanisation est un processus de plus en plus étendu, qui est observé à toutes les échelles (mondiale, nationale, locale). En effet, la population mondiale vivant en zone urbaine est passée de 14% à plus de 50% entre le début du XXème siècle (Weber, 2003) et le début du XXIème siècle (Fenger, 1999) (Fig. 1-2). A l'échelle nationale, la part de la population française installée en ville est passée de 53% à 75% entre 1936 et 1999 et continue d'évoluer (Fig. 1-1). Enfin au niveau régional, l'agglomération Rennaise connaît une croissance de 1% par an (soit une augmentation de 23 000 habitants par rapport à 1999).

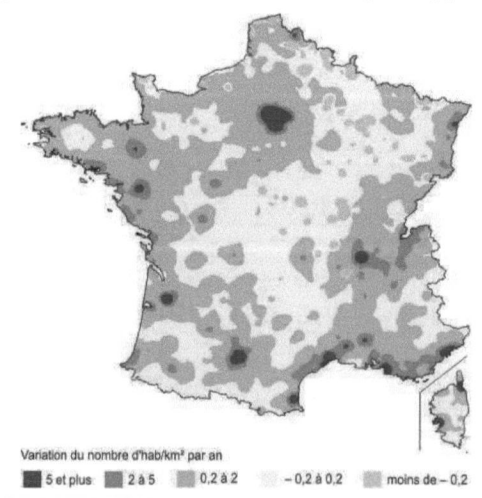

Figure 1-1 : Variation annuelle de la densité de population entre 1999 et 2006 (Source : Insee, recensements de la population).

---

[1] In population reference bureau : http://esa.un.org/unup/index.asp

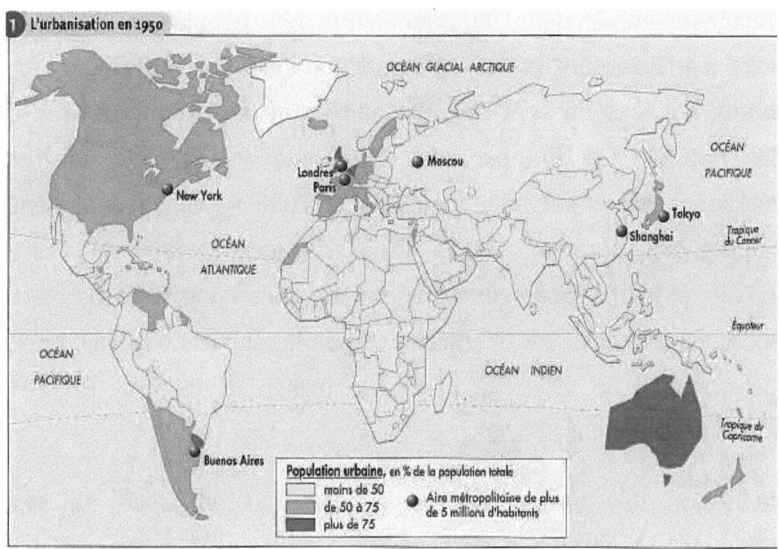
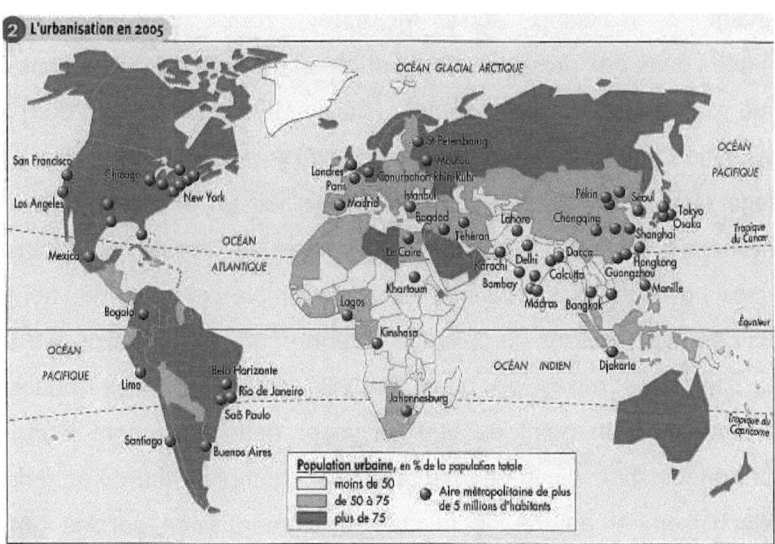

Figure 1-2 : L'urbanisation en 1950 (a) et en 2005 (b) (manuel Nathan 2005)

Consécutivement à cette augmentation des populations urbaines, les espaces s'artificialisent et les villes s'étendent de plus en plus. Ainsi, de nombreux espaces ne sont plus disponibles ni pour l'agriculture ni comme habitat naturel. En France, une augmentation de 3% des espaces artificialisés a été observée entre 2000 et 2006 (Commissariat général au développement durable, 2011). Ces espaces recouvrent les zones urbanisées et les espaces verts artificialisés mais également les réseaux de transport, les carrières, les décharges. Selon le rapport de l'ONU, en 1950, le monde comptait 86 villes de plus d'un million d'habitants. En 2015, les estimations tablent sur 550.

L'urbanisation des terres consiste en la mise en place de structures anthropiques au détriment d'espaces à caractères naturels ou agricoles, (Germaine & Wakeling, 2001, McKinney, 2006). Ces structures sont construites dans des perspectives de durée et peuvent donc être considérées comme perturbations permanentes (Blair, 1996 ; Ormerod 2003). Ainsi, l'urbanisation apparaît comme une modification permanente et drastique du paysage (McKinney, 2006). Le milieu urbain est un écosystème tout à fait original car il est soumis à toutes les formes de contraintes anthropiques (diverses pollutions, perturbations liées à la simple présence de l'homme, et impact des modifications du paysage) (Venn et al., 2003). L'activité humaine et les structures mises en place en ville engendrent des modifications fondamentales d'un point de vue paysager mais également d'un certain nombre de variables environnementales. Par exemple, l'activité automobile et le réfléchissement naturel de la chaleur emmagasinée par les bâtiments provoquent un « îlot de chaleur » urbain (Voogt & Oke, 2003) qui peut avoir un impact sur la végétation et la microfaune (exemple : la phénologie des plantes est décalée en ville (Quénol et al., 2010)). L'utilisation de pesticides pour l'entretien des espaces verts ou des jardins privatifs par les particuliers augmente aussi considérablement la pollution des sols. Le remplacement d'espèces indigènes par des essences horticoles dans certains espaces verts modifie la compétition entre les espèces végétales et la qualité des habitats pour la micro-faune. Le piétinement des pelouses et la tonte régulière ont également un impact sur les carabiques (Grandchamp et al., 2000). L'urbanisation tend à fragmenter les habitats, laissant ces derniers subsister sous la forme de taches d'habitats (Davis & Glick, 1978 ; Niemelä, 1999 ; Marzluff, 2001) dans une matrice défavorable 'urbaine'. Cette dernière est principalement constituée de surfaces minéralisées telles que le bâti ou la voirie (Germaine & Wakeling, 2001 ; McKinney, 2006). La nature de cette matrice a une incidence sur l'organisation des assemblages. Il s'agit certes d'une matrice plus ou moins perméable selon les taxons, mais aussi d'une matrice dont un grand nombre d'éléments constitutifs peuvent être considérés comme de véritables barrières à la dispersion. Par exemple, une route peut représenter une entrave au déplacement des animaux (Keller et al., 2005). De plus, la nature 'minérale' de la matrice urbaine induit une diminution de la connectivité ; diminution d'autant plus marquée pour les espèces à faible capacité de dispersion, c'est à dire dont la capacité de dispersion est inférieure à la distance qui sépare les taches d'habitats. La première conséquence de cette fragmentation est l'isolement de taches d'habitats qu'elle induit. La liste n'est ici pas exhaustive mais illustre la variabilité des formes que peuvent prendre les contraintes anthropiques et leur intensité en ville.L'urbanisation est à l'heure actuelle une des causes majeures des modifications des paysages (Wilcox & Murphy, 1985) et de la perte de la biodiversité (McKinney, 2008).

1.2 Milieu urbain, espace vert, biodiversité et société

L'idée de nature en ville est encore difficile à cerner. Elle a été introduite dès le début du vingtième siècle dans les projets d'urbanisme, en tant que cadre de vie des citadins. Dans les premiers textes d'urbanisme, la nature était importante uniquement comme source de lumière, de soleil et de verdure. Les espaces verts étaient cependant en faible densité en milieu urbain, notamment en France (Fig. 1-3). Les parcs sont considérés comme les principaux éléments de nature en ville bien qu'une large proportion soit constituée d'autres éléments verts (jardin privatif, massif public, espace vert public, ...). Actuellement, accepter et promouvoir une nature dans la ville peut se justifier par différents arguments notamment sociaux et politiques.

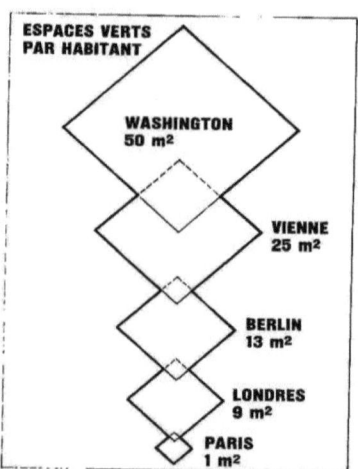

Figure 1-3 : Reproduction de la 4ᵉ page de couverture de « l'homme et la nature » de M-H Julien (Hachette), 1965.

Nature en ville et citoyen

La demande sociale de nature en ville est de plus en plus forte. Depuis les années 1980-1990, les citadins placent la nature au centre de leurs envies (Boutefeu, 2005 ; Clergeau, 2007). En effet la nature en ville a un rôle important dans la vie des citadins. La présence d'espaces verts dans les villes et la possibilité d'avoir un contact avec des végétaux augmente le bien-être des citadins (Altman & Wohlwill, 1983 ; Kaplan, 1983 ; Hartig et al., 1991 ; Ulrich et al., 1991 ; Herzog & Bosley, 1992 ; Kaplan, 1995 ; Gobster & Westphal 2004). Cependant, suivant les différentes enquêtes, on peut émettre l'hypothèse que la demande sociale de nature en ville ne se rapporte pas majoritairement à une demande de biodiversité mais plutôt à une demande d'espace échappatoire aux contraintes de l'habitation en ville, même si cette demande de nature en ville ne se limite pas exclusivement au végétal (Clergeau, 2007). La vision politique de la nature en ville prend évidemment en considération les demandes des citadins et citoyens mais revêt également une vision plus protectrice de la nature pour la nature.

Politiques pour la nature et la biodiversité en ville

Biodiversité et politique

La protection de la biodiversité est un enjeu mondial majeur. L'engagement des différents pays et politiques dans ce sens s'est concrétisé suite au Sommet de la Terre à Rio de Janeiro, en 1992. Ainsi, plusieurs documents faisant référence à la protection de la biodiversité en sont issus. Il y a notamment les 'Agenda 21' qui traitent entre autres de la conservation et la gestion des ressources aux fins de développement ainsi que la 'Convention sur la biodiversité' dont l'article premier stipule que « *les objectifs de la présente Convention, dont la réalisation sera conforme à ses dispositions pertinentes, sont la conservation de la diversité biologique, l'utilisation durable de ses éléments et le partage juste et équitable des avantages découlant de l'exploitation des ressources génétiques, notamment grâce à un accès satisfaisant aux ressources génétiques et à un transfert approprié des techniques pertinentes, compte tenu de tous les droits sur ces ressources et aux techniques, et grâce à un financement adéquat.* » Le nombre de pays ayant signé cette dernière s'élève actuellement à 189 (168 au départ).

Au niveau national, on peut noter l'adoption en février 2004 d'une 'stratégie nationale pour la biodiversité'. Les enjeux et les finalités de celle-ci étaient notamment l'arrêt du déclin de la diversité biologique pour 2010.

La mise en place d'actions et la volonté de protection et de conservation de la biodiversité sont également déclinées aux échelles régionales et locales. En effet, on peut évoquer la mise en place d'un 'schéma régional du patrimoine naturel et de biodiversité' par la région Bretagne début 2007.

Urbanisme et biodiversité

La croissance urbaine pose à l'égard de la biodiversité des problèmes de plus en plus aigus qui ont rendu nécessaires les réflexions sur la ville nouvelle (sa forme, son rôle, ...) et l'accroissement de textes et de lois.

Ville nouvelle

Les dernières décennies ont vu se développer une forte sensibilité environnementale, mobilisée autour du concept de développement durable. Le développement urbain durable se définit comme « *l'intégration entre les trois sphères du développement urbain : économique, social et écologique* » (Camagni & Gibelli, 1997). Les préoccupations d'environnement ne sont plus dissociées des projets d'urbanisme, des orientations économiques, des politiques sociales ou culturelles menées par les villes.

La ville et le développement urbain durable font resurgir la problématique des densités urbaines. Les avantages des fortes densités se traduisent aussi bien en termes de mobilité et de mixité sociale que de lutte contre l'étalement urbain. L'étalement, étant « *l'urbanisation de terres rurales* », est responsable d'atteinte à l'environnement telle que l'occultation de paysages (Nicot, 1996). En conséquence des formes compactes de développement (='nouvelle forme urbaine'), consommant moins d'espace pour une même population, se développent notamment à Rennes Métropole. De plus, dans ces formes, les espaces privés sont réduits en faveur des espaces publics (notamment les espaces verts privés). Ainsi, selon la volonté des différents acteurs, des continuités écologiques, des refuges écologiques (…) peuvent être créés et pris en compte.

Législation

La loi paysage (8 janvier 1993) relative à la protection et à la mise en valeur du paysage permet un plus grand respect de celui-ci dans les documents et les opérations d'urbanisme. Elle est également prise en considération dans la loi de solidarité et de renouvellement urbain (13 décembre 2000). On peut noter par exemple la présence de notions de protection de l'environnement et de gestion urbaine dans l'intérêt général (en faveur d'un développement durable). Cela passe notamment par l'incitation à réduire la consommation des espaces non urbanisés et la périurbanisation, en favorisant la densification raisonnée des espaces déjà urbanisés (limitation de la possibilité de fixer une taille minimale aux terrains constructibles, suppression du contrôle des divisions de terrains ne formant pas des lotissements). Cette dernière loi introduit deux outils « locaux » clés nécessaires à la mise en oeuvre de cette politique : les Schémas de Cohérence Territoriale (SCOT) et les Plans Locaux d'Urbanisme (PLU) qui doivent concrétiser un Projet d'Aménagement et de Développement Durable (PADD).

Le SCOT (Schéma de Cohérence Territoriale) encadre la planification locale et met en cohérence, sur un territoire pertinent et sur la base d'un projet d'aménagement et de développement durable, l'ensemble des politiques sectorielles menées sur le territoire (habitat, déplacement, développement commercial, protection de l'environnement, organisation de l'espace, développement économique, ...). Le rapport de présentation du SCOT du pays de Rennes et son DOG (Documentation d'Orientations Générales) prévoit notamment quelques mesures de 'protection' de l'environnement et des paysages face à l'urbanisation. Par exemple, il existe des objectifs de densité minimale à respecter pour les nouvelles opérations d'aménagement mixte (45 logements/ha et 3 000 m² SHON/ha au cœur de la Métropole et 25 logements/ha et 1 750 m² SHON/ha dans la couronne d'agglomération) afin de minimiser l'empiètement sur le milieu rural. L'extension de l'urbanisation doit préserver des ceintures vertes et des alternances ville/campagne (modèle de ville-archipel). La nature en ville doit être favorisée notamment par la conservation des fonctionnalités écologiques existantes ainsi que par le développement de zones perméables au sein des espaces à urbaniser et en assurant des continuités douces (piétonnes, cycles, aménagement vert, ...) dans les espaces à urbaniser.

Le PLH (Plan Local de l'Habitat), principal dispositif en matière de politique du logement au niveau local, fixe des objectifs et décide des actions visant à répondre aux besoins de logements et de renouvellement urbain. Celui de Rennes Métropole exprime son ambition de création de logements avec un rythme annuel de 4 500 logements, tout en économisant l'espace pour éviter l'étalement urbain. Le PLH préconise un minimum de 50 % de logement collectifs ou semi-collectifs, de ne pas empêcher la production de terrain à bâtir inférieurs à 350 m² et un maximum de 20 % de lots supérieurs à 350 m².

L'écosystème urbain

L'urbanisation ne s'exerce pas de façon homogène et uniforme au sein d'une même 'ville' et entre toutes les 'villes'. Celle-ci résulte, entre autre des mœurs et de leur évolution ainsi que des choix de politiques urbaines. Généralement les villes présentent un gradient du centre vers la périphérie et le milieu rural où les contraintes liées à l'urbain, les activités anthropiques et toutes les perturbations diminues en intensité. Le territoire de Rennes Métropole à la particularité de ce développé suivant un modèle de ville-archipel. Ce dernier est un modèle d'organisation urbaine original, constitué autour de plusieurs pôles de centralité. Il faut imaginer une île urbaine principale, reliée à des îlots urbains, dans un océan de verdure.

1.3 Impact de l'urbanisation sur la biodiversité

Même si elle était présente, la nature en ville a pendant longtemps été négligée en temps que 'nature'. L'étude des espèces animales et végétales dans la ville comme dans les autres écosystèmes s'est progressivement développée depuis le milieu du XXème siècle. L'écologie urbaine vise notamment à répertorier et à comprendre les mécanismes agissant sur la biodiversité en ville (Clergeau, 2007). Elle a pour but de favoriser et d'augmenter la biodiversité voulue et de limiter les espèces invasives. La biodiversité attendue en ville n'est pas forcément une diversité rare mais plutôt une diversité ordinaire (Godet, 2010).

Les écosystèmes urbains sont des systèmes nouveaux, encore en déséquilibre, dans lesquels des espèces nouvelles arrivent et s'installent régulièrement. Cette occupation suit un processus très similaire au processus naturel de colonisation (Brown & Sax, 2005). Nous passons d'un milieu perturbé et créé par l'homme composé d'une matrice hostile à la biodiversité à un milieu recolonisé par des populations d'espèces. Celles-ci sont le résultat de jeux de colonisation réussie quelle que soit son origine, avec des réseaux trophiques reposant sur des interactions avec l'homme (Prevot-Julliard & Clavel, 2007).

L'étude des assemblages en milieu urbain a débuté réellement dans les années 70 avec entre autres Lancaster et Rees ('Bird communities and the structure of urban habitats', 1979). Depuis, de plus en plus de travaux ont été mis en place (Fig 1-4), ils portent essentiellement sur l'étude de gradients environnementaux afin d'étudier l'impact des variations environnementales sur les distributions des assemblages depuis le milieu rural jusqu'au milieu urbain. Ces études portent aussi bien sur la flore (Deutschewitz et al. 2003; Kuhn et al. 2004; Wania et al. 2006 ; Vallet et al. 2008) que sur la faune, sur les vertébrés (Blair, 1996; Clergeau et al., 1998; Blair, 1999 ; Germaine & Wakeling 2001 ; McKinney, 2002) que sur les invertébrés (Denys & Schmidt, 1998 ; Blair, 1999 ; Alaruikka et al., 2002 ; Niemelä et al., 2002; Ishitani et al., 2003 ; Venn et al., 2003; Weller & Ganzhorn, 2004; Stefanescu et al., 2004 ; Lehvävirta et al., 2006 ; Sadler et al., 2006 ; Clark et al., 2007). Cependant, notammant pour la faune, certains taxons ne sont étudiés que ponctuellement (par exemple les araignées, les lézards) alors que d'autres sont très fréquemment utilisés comme modèles notamment les colèoptères carabiques. En effet, la réponse des coléoptères carabiques face à l'urbanisation a fait l'objet de nombreuses études notamment au sein de 2 grands programmes : ECORURB et GLOBENET (Niemelä et al., 2002 ; Croci, 2007 ; Croci et al., 2008 ; Magura et al., 2008 ;Niemelä, 2009). Croci, du programme ECORURB (Croci et al., 2008), a développé des études multi taxon. De plus, Les dernières études du programme international, GLOBENET, adoptent des études multi-taxon en intégrant la réponse des araignées (Alaruikka et al., 2002). En effet, Le milieu urbain étant complexe, l'étude simultanée de plusieurs taxons permet d'acquerir une idée plus réaliste des réponses possibles de la biodiversité à l'urbanisation.

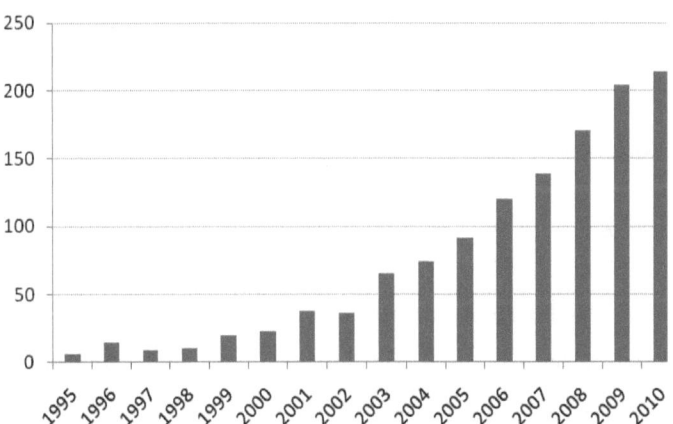

Figure 1-4 : Nombre de publications référencées entre 1995 et 2010 dans la base de données 'Web of Knowledge' avec 'biodiverity' et 'urban' comme mots clés.

De façon générale, le milieu urbain est considéré comme moins favorable pour la diversité à cause de sa matrice relativement hostile (béton, imperméable), de l'isolement des taches d'habitat et de leurs modifications. Ces travaux ont démontré plutôt une diminution de la richesse spécifique en ville même si quelques exceptions ont été mises en évidence notamment concernant la flore (Klotz 1990; Stadler et al. 2000; Deutschewitz et al. 2003; Kühn et al. 2004; Wania et al. 2006). Cependant, la composition des communautés floristiques en milieu urbain est largement contrainte par l'homme. En effet, les végétaux en ville ont essentiellement une valeur ornementale (Reygrobellet, 2007). Dans les jardins, 70% des plantes sont exotiques (Loram et al., 2008). L'urbanisation agit également comme filtre engendrant une homogénéisation (McKinney, 2006), c'est à dire une augmentation de la fréquence de certains 'traits' (espèces, trait de vie) dans les assemblages urbains comparativement aux assemblages ruraux. L'effet de l'urbanisation et les patrons d'organisation de la biodiversité le long du gradient urbain sont de mieux en mieux connus. Cependant, des questions et des réponses restent encore à développer, concernant, notamment, les processus de colonisation du milieu urbain par le milieu rural.

De plus, il faut noter que l'étude du milieu urbain ne se limite pas à l'étude le long de gradients mais concerne également l'étude de la diversité dans différents habitats au sein du milieu urbain. Ainsi quelques études montrent que l'abondance et la richesse en papillons sont dépendantes des espèces nectarifères présentes (notamment dans les jardins), de la taille des parcs (Guiliano et al., 2004) ainsi que de la nature des éléments constituant les bâtiments (Ruszczyk & Silva, 1997) (brique, torchis, parpaing). En effet, le milieu urbain peut être considéré comme un milieu à part entière avec des paysages de structure différente.

1.4 Milieu urbain et habitats

L'espace public

Les espaces publics sont bien représentés dans les zones urbanisées. Les espaces verts représentent généralement plus de la moitié des espaces publics allant jusqu'aux deux-tiers. De plus, suivant les quartiers, leur proportion est comprise entre 15% et 45%. Pour notre étude, nous nous sommes principalement intéressés à ces espaces verts publics. La restriction de l'étude aux espaces verts publics, sans tenir compte des espaces verts privés, engendre une perte d'information mais permet de limiter le nombre d'interlocuteurs et surtout le nombre de gestionnaires. Ainsi, en ne travaillant que dans les espaces verts publics, nous pouvons affirmer à 99% que les espaces étudiés ne subissent pas de traitement chimique (type herbicide, phytosanitaire...) (communication personnelle, Responsables des services espaces verts des différentes communes de Rennes Métropole).

Les haies comme élément paysager

Les haies, en milieu agricole, sont connues pour avoir un rôle écologiquement important sur la faune. Elles assurent des rôles vitaux pour les animaux comme celui de zone de refuge ou d'abri pour certains, de zone d'alimentation et de nidification pour d'autres (Chamberlain et al., 2001). Les haies permettent un développement d'une faune et d'une flore variées ainsi elles favorisent le développement et le maintien de la biodiversité (Burel & Baudry, 1999 ; McCollin, 2000 ; Marshall et al., 2001). De plus la fonction corridor écologique des haies favorise la dispersion d'espèces comme les insectes (Burel, 1989 ; Pichancourt et al., 2006 ; Ouin et al., 2008), les micromammifères (Merriam & Ianoue, 1990 ; Michel et al., 2006 ; Michel et al., 2007), les oiseaux (Domwski & Koziakiewicz, 1990) et les plantes (Corbit et al.,1999 ; Sarlöv-Herlin & Fry, 2000 ; de Blois et al., 2002 ; Roy & de Blois, 2008).

En milieu urbain, actuellement, la haie est plutôt reconnue pour son rôle 'social'. En effet, la haie dans les quartiers résidentiels est dans un premier temps un objet stratégique pour le « *processus social d'enfermement* » (Frileux, 2008). Cependant elle participe également à l'embellissement et à l'appropriation du quartier par ses habitants. En effet, la haie présente un fort potentiel esthétique ; en plantant différents arbres à fleurs ou à baies, on peut apprécier, à chaque saison, une nouvelle palette de couleur (Soltner, 1991). De plus, la haie, et plus particulièrement les arbres sont, pour les urbains, des représentants emblématiques du milieu naturel (Cadiou & Pissaro, 1995).

1.5 Questions de la thèse

Le milieu urbain est un écosystème récent où les taches d'habitat potentiel sont principalement les espaces verts, les terrains vagues, les parcs et les jardins (publics et privés) même s'il existence une biodiversité urbaine non-associée aux espaces verts, mais synanthrope, anthropophile ; par exemple chez les Carabiques, Sphodrus leucophtalmus est associé aux vieilles caves urbaines. Ces habitats 'verts' ont souvent fait l'objet de profonds aménagements et font souvent l'objet de modification (notamment par l'entretien) perturbant la faune et la flore qui s'y trouvaient et qui s'y trouve (Clergeau et al. 2004). Ainsi, la biodiversité de ces taches est issue en partie d'individus qui ont colonisé les taches d'habitat urbaines depuis le milieu rural adjacent, ou depuis des taches d'habitat voisines. C'est ce processus de colonisation que nous étudions.

Après une présentation générale du matériel et des méthodes utilisés, quatre chapitres de résultats suivront. Ces chapitres traitent des trois grandes conditions nécessaires au processus de colonisation : le flux migratoire, le temps, la capacité d'accueil des nouveaux habitats. Ils sont construits sur la base d'articles scientifiques insérés dans le corpus principal (Fig 1-5).

Le premier chapitre (Chapitre 3) est consacré à la structuration de la biodiversité à la lisière entre milieu urbain et milieu rural sur une courte distance afin de mettre en lumière les flux entre ces milieux. La réponse le long du gradient urbain-rural étant différente selon les modèles biologiques, nous nous attendons également à avoir des réponses différentes (réponse brusque ou réponse graduelle) au niveau de la zone de transition selon les modèles. Ces réponses seraient notamment mises en évidence via des traits d'histoire de vie. En effet, l'urbanisation est connue pour sélectionner certains traits (Blair, 2001). Le second chapitre (Chapitre 4) est consacré à l'effet de l'âge des espaces urbanisés sur les assemblages. En effet, il peut y avoir un effet retard de la réponse de la biodiversité (dû au temps nécessaire à la colonisation) qui s'exprimerait par une réponse plus forte des anciens quartiers que des quartiers récents.

Les deux derniers chapitres de résultat traitent des capacités d'accueils des haies urbaines. Dans un premier temps (Chapitre 5), nous nous sommes intéressés au type d'aménagement urbain. Nous avons voulu savoir si les 'nouvelles formes urbaines' sont favorables à la biodiversité. L'hypothèse est qu'une plus grande étendue et une plus grande continuité des espaces verts publics (développé dans les nouvelles formes urbaines) vont favoriser la biodiversité par augmentation de la taille des taches d'habitat favorable et par augmentation de la connectivité. Dans un second temps (Chapitre 6), nous nous sommes intéressés à l'effet plus particulier de facteurs pouvant caractériser les quartiers résidentiels. Ce chapitre est consacré aux réponses de la diversité à des facteurs environnementaux de différentes échelles. Deux échelles sont considérées : l'échelle paysagère et l'échelle locale. Selon Croci et al (2008) le modèle dispersant le moins devrait être plus sensible aux variables paysagères alors que le modèle dispersant le plus devrait être sensible aux variables locales. Au niveau de l'échelle locale, deux grandes catégories se dégagent, les variables en lien avec la conception de la haie et les variables en lien avec son entretien. Ces variables locales devraient plus particulièrement influencer la réponse au niveau des traits d'histoire de vie.

Enfin, dans une conclusion générale, les apports, les limites et les perspectives scientifiques de ce travail seront présentés. Les perspectives d'applications des résultats obtenus et les recommandations pour les différents acteurs du développement urbain seront également traitées et détaillées.

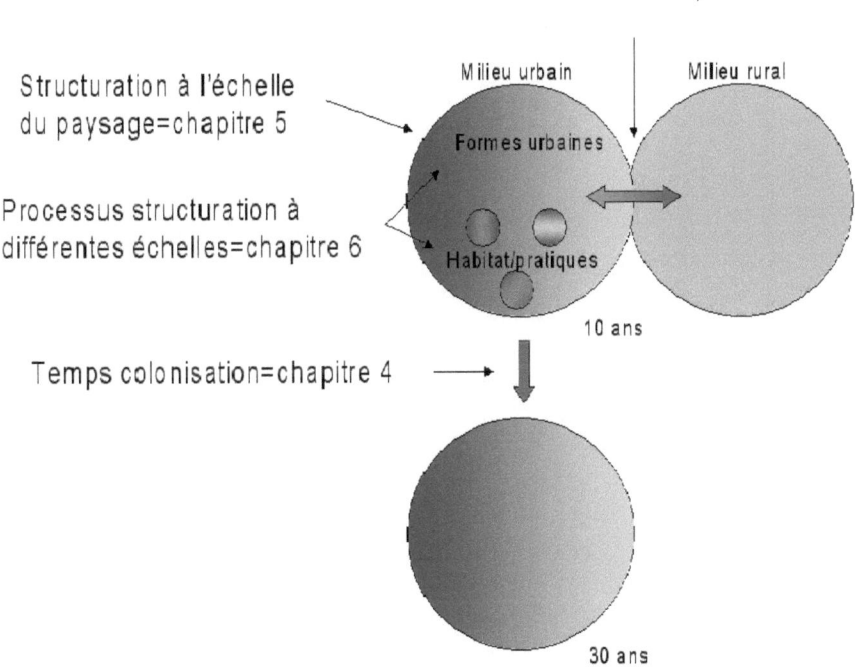

Figure 1-5 : Représentation schématique des questions de thèse

2. Matériel et Méthodes générales

2.1 Avant-propos

Ce chapitre n'a pas pour objet de décrire en détail les matériels et les méthodes utilisées dans les différents chapitres de cette thèse ; ces derniers seront précisés à chaque chapitre et sous-chapitre. Il s'agit de faire une présentation générale des sites et éléments étudiés afin d'avoir une vision d'ensemble du travail réalisé et de pouvoir resituer chaque chapitre par rapport à l'ensemble de la thèse. Les différents modèles biologiques étudiés seront présentés plus en détail dans les chapitres. Enfin, les analyses de données et les raisons de leur choix seront présentées brièvement.

2.2 Sites d'études et variables environnementales

Rennes Métropole est une communauté d'agglomérations située au cœur de l'Ille et Vilaine. Elle regroupe 37 communes et près de 400 000 habitants sur 60 755 hectares. En 2004, 19 % du territoire de Rennes Métropole était urbanisé, la tache urbaine des communes périphériques ayant quasiment doublé depuis 1982.

Communes et quartiers sélectionnés

Ce travail de thèse a été réalisé sur sept communes. Elles ont été choisies en premier lieu suivant leur localisation. Afin que tous les sites d'études soient dans une situation paysagère proche, tous sont extérieurs à la rocade contournant Rennes (Fig. 2-1). En effet cette voirie présente une barrière physique difficilement franchissable. Les communes ont également été choisies suivant les caractéristiques des quartiers qu'elles comportaient.

Tous les quartiers devaient être à proximité immédiate du milieu agricole ou naturel. Deux critères supplémentaires ont été pris en compte suivant les questions de recherche : l'âge (10 ou 30 ans) et le type de forme urbaine ('nouvelle forme urbaine'=NFU ou 'forme conventionnelle' (type lotissement pavillonnaire)=FC). Au total, 10 quartiers appartenant à 3 typologies ont été sélectionnés (Table 2-1).

Tableau 2-1 : Typologie des quartiers sélectionnés pour la thèse

Commune	Nbre habitants dans la commune	Nom du quartier	Code	Forme urbaine	Catégorie d'âge	Année échantillonnée	Chapitre
Saint Jacques de la Lande (35136)	10175	Coteau de la Maltière	J	NFU	10	2008-2009-2010	Chap 2/Chap 4 /Chap 5
Le Rheu (35650)	7694	Champs Feslon	R	NFU	10	2009	Chap 5/Chap 6
Chantepie (35135)	8154	Les Landes	C	NFU	10	2009	Chap 5/Chap 6
Brécé (35530)	1828	La Mainguère	B	FC	10	2009	Chap 5/Chap 6
Vezin le Coquet (35132)	3840	La Rosais	V1	FC	10	2009-2010	Chap 4/Chap 5 /Chap 6
		Alfred Musset	V2	FC	30	2010	Chap 4
Pacé (35740)	9110	Bois de Champagne	P1	FC	10	2009-2010	Chap 3/Chap 4 /Chap 5/Chap 6
		Kermeline	P2	FC	30	2010	Chap 4
		Zone "rurale" adjacente au bois de Champagne	T			2009	Chap 3
Acigné (35690)	6143	La Garenne et la Timonière	A1	FC	10	2010	Chap 4
		Montagne des Olliviers, Verdandais et CIB	A1	FC	30	2010	Chap 4

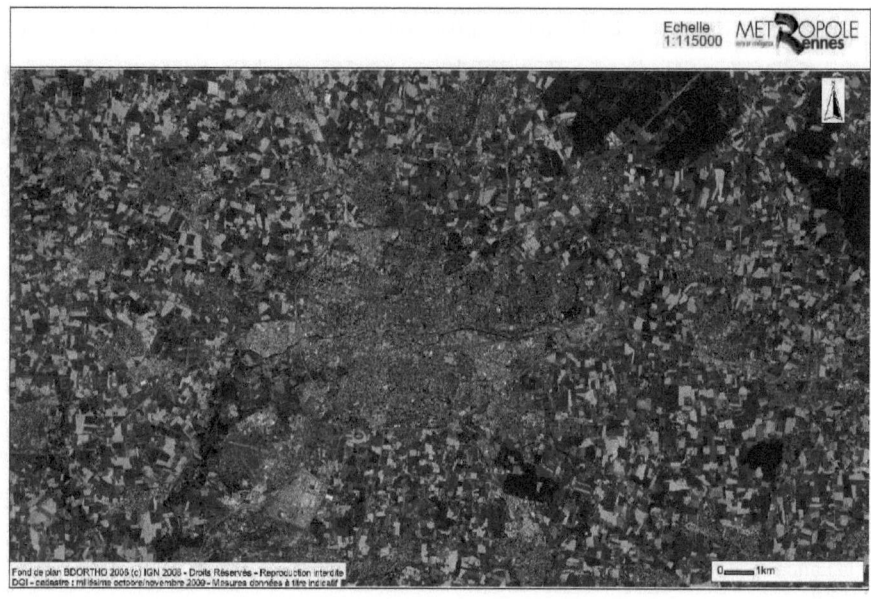

Figure 2-6 : Localisation sur photo aérienne des quartiers sélectionnés pour la thèse

Variables environnementales

Echelle du paysage

Chaque site sélectionné a été représenté sous SIG en se basant sur la nature du sol et la présence de 'haies' (Fig. 2-2). 13 catégories de couvert au sol ont été prises en considération (voirie, allée perméable, allée imperméable, 'terrasse', bâtis 1 étage, bâtis 2 étages et plus, pelouse 'artificielle', pelouse 'semi-naturelle', massif floral, jardin, espace boisé horticole, espace boisé semi-naturel, eau). Ce travail a été réalisé en se basant sur les couches cadastrales (délimitant déjà les routes et les bâtis), les photographies aériennes digitalisées (2006 et 2008) et des vérifications sur le terrain. Ainsi, pour chaque quartier, le pourcentage de chaque catégorie de couvert au sol, le nombre et la taille des patchs, la longueur de haies (publique, privée), ont pu être calculés. A l'aide du logiciel Fragsat (Garigal et al., 2002), des indices paysagers, notamment l'indice de contagion et la plus courte distance entre patch de même nature ont pu être calculés.

Figure 2-7 : Exemple du processus de digitalisation

Echelle locale

Des variables caractérisant les haies (Fig. 2-3) ont été mesurées et annotées, entre autres la nature des surfaces adjacentes, l'origine des essences des arbustes, le nombre d'essences des arbustes, la présence de bâche, la présence de strates herbacées, la hauteur et la nature de la litière ainsi que la température et l'humidité du sol.

Figure 2-8 : Exemples de haies

2.3 Modèles biologiques : Représentants de la biodiversité

Dans notre étude deux modèles biologiques (carabiques et araignées) ont été choisis. Nous avons fait le choix d'une étude multi-taxon pour acquérir une vision plus complète des effets de l'urbanisation. Les modèles ont été sélectionnés pour leur caractère indicateur de biodiversité[2] et environnemental [3] (Luff et al., 1992 ; Marc et al., 1999 ; Ings & Hartley, 1999 ; Bell et al., 2001 ; Rainio & Niemelä, 2003 ; Pearce & Venier, 2006). Les

---

[2] Les indicateurs biologiques indiquent la présence d'un ensemble d'autres espèces (Noss, 1990 ; Gaston et Blackburn, 1995 ; Flather et al, 1997)

[3] Les indicateurs environnementaux répondent aux changements abiotiques de l'environnement (Pearce et Venier, 2006)

araignées comme les carabiques sont majoritairement prédateurs et jouent un rôle d'auxiliaire des cultures. Leurs présences signifient que les acteurs en aval dans la chaîne trophique sont également présents. De plus, les invertébrés représentent une part importante de la diversité animale notamment en ville. Par exemple à Paris ils forment 72 % de l'ensemble des espèces recensées par la cellule biodiversité (Lapp, 2005). Les araignées et les carabiques constituent des groupes d'invertébrés très représentés : les araignées comportent plus de 40 000 espèces, dont 1500 en France ; les carabiques comportent plus de 40 000 espèces, dont 1000 en France. Ils sont largement utilisés comme indicateurs de réponse dans le monde entier et dans de nombreux écosystèmes (notamment en milieu urbain pour les carabiques (programme de recherche : ECORURB et GLOBENET)).

2.4 Méthodes

Technique

Recensement

Nous avons fait le choix d'utiliser une technique commune de recensement entre nos deux modèles ce qui nous permet de faire un réel parallèle quant à leur réponse. Ainsi les assemblages de carabiques et d'araignées ont été recensés à l'aide de captures par pots pièges ou pièges Barber. Concernant les araignées, nous nous intéressons essentiellement aux individus errants ; en effet cette méthode de capture manque d'efficacité pour les araignées tisseuses de toiles (Churchill, 1993). Cette méthode est la plus couramment utilisée. Elle est considérée comme la plus adaptée pour ce type de problématique car elle permet d'obtenir une bonne représentativité des assemblages (Baars, 1979 ; Weigmann, 1982 ; Dufrêne & Legendre, 1997 ; Bouget, 2001) bien que la structure du micro-habitat et le comportement de déplacement puissent potentiellement modifier la 'capturabilité' des espèces, et donc leur abondance, par piège d'interception (Topping & Sunderland, 1992). Cette méthode permet cependant de calculer une activité-densité, ramenée au temps d'activité du piège et à son périmètre d'interception (Luff, 1975 ; Curtis, 1980 ; Sunderland et al., 1995).

Les pièges, enfoncés dans le sol, sont constitués d'un pot en plastique (de 9.5 cm de diamètre et 11 cm de profondeur) dont les bords affleurent le niveau du sol. La pose des pièges est réalisée en creusant un trou grâce à une tarière pédologique du même diamètre que les pots afin de limiter les perturbations du milieu (Fig. 2-4). Le pot est rempli à moitié par une solution conservatrice, changée tous les 15 jours. Elle est constituée pour moitié d'eau salée à 10% et pour moitié de solution de monopropylène glycol aqueux à 50% ainsi que de quelques gouttes de liquide vaisselle pour diminuer la tension superficielle et ainsi faciliter l'immersion des individus. Ce mélange assure une capture efficace, ainsi qu'une fixation et une bonne conservation des individus (Bouget, 2001). Le choix du monopropylène glycol dilué a été dicté par son pouvoir non attractif (Bouget, 2001). Les individus ont donc été piégés au hasard de leurs déplacements. De plus, le monopropylène glycol est considéré comme faiblement toxique, élément primordial étant donné la proximité des citadins. Afin de protéger les pièges des intempéries ou d'un amas de débris, un toit en plexiglas translucide a été placé au dessus de chaque piège à une hauteur d'environ 10 cm (hauteur ne modifiant pas la trajectoire des insectes).

Les pièges ont été installés de façon aléatoire dans les haies publiques des quartiers grâce à l'extension Geo wizards. Deux contraintes ont été appliquées:

- par sécurité, aucun piège n'a été mis en place à proximité immédiate des espaces de jeux pour enfants.
- une distance minimale entre 2 pièges afin de garantir l'indépendance des données a été respectée. Pour les Aranéides et les Coléoptères Carabidae, la distance de 10 mètres entre pièges semble suffisante pour un fonctionnement indépendant des pièges (Topping & Sunderland, 1992 ; Oliver & Beattie, 1996 ; Obrist & Duelli, 1996 ; Churchill & Arthur, 1999).

Figure 2-9 : photographies de l'installation de piège Barber

Tri, détermination et caractéristiques des espèces

Le contenu des pièges a été trié par grand groupe taxonomique (araignée, coléoptère, ...), conservé dans de l'alcool à 70% et stocké dans les collections de l'université (Fig. 2-5). Les coléoptères carabiques adultes ont été déterminés sous loupe binoculaire jusqu'au niveau de l'espèce (sauf pour les *Amara*) à l'aide de différentes clés : Trautner & Geigenmüller (1987) et Jeannel (1941, 1942). Les araignées ont été déterminées sous loupe binoculaire par Julien Pétillon jusqu'au niveau de l'espèce à l'aide de différentes clés : Roberts (1987, 1995) et Heimer & Nentwig (1991). Les nomenclatures utilisées sont celles de Lindroth (1992) pour les carabiques et de Canard (2005) pour les araignées.

Figure 2-10 : Photographie des échantillons carabiques

La composition spécifique et la richesse spécifique ont été notées pour chaque point d'échantillonnage. Les caractéristiques écologiques et biologiques (Tables 2-2 et 2-3) de chaque espèce ont également être prises en considération (Annexes 1 et 2).

Tableau 2-2 : Typologie auto-écologique des carabiques

variable	Description
Taille	≤5mm ; [5mm-10mm[; ≥10mm
Type alaire	Brachyptère ; Dimorphique ; Macroptère
Habitat	Ouvert ; Forestier ; Eurytope ; Autre

Tableau 2-3 : Typologie auto-écologique des araignées

variables	Description
Taille	≤3mm ; [3mm-5mm[; ≥5mm
Guilde	Chasseuse-coureuse au sol ; chasseuse à l'affût ; Autre chasseuse ; tisseuse de toile
Habitat	Ouvert ; Forestier ; Eurytope ; Milieu Humide

Période et durée d'échantillonnage : Variations intra- et inter-annuelles

L'évolution temporelle de la diversité est le résultat de plusieurs mécanismes qui se superposent. Elle possède dans les régions tempérées une composante saisonnière qui est due essentiellement aux variations de température et d'ensoleillement. Elle peut aussi montrer des différences inter-annuelles qui sont la résultante de ces évolutions saisonnières et d'événements imprévisibles (perturbations) qui induisent des modifications plus ou moins chaotiques de l'assemblage (fluctuations). Afin de déterminer la période et la durée d'échantillonnage adéquates à nos sites d'études et à nos protocoles, un suivi continu (session de 15 jours) de diversité a été réalisé sur un des sites (La Morinais, Saint Jacques de la Lande). 35 à 45 points d'échantillonnage ont été placés aléatoirement et suivis au cours des 3 années d'études. La première année, la période d'échantillonnage a été effectuée durant 7 mois entre mi-avril et mi-novembre (période principale d'activité de la faune invertébrée (Ricklefs & Miller, 2005)). La période d'échantillonnage, pour les années suivantes, a été ajustée en fonction de cette première année afin d'obtenir le meilleur compromis entre durée et efficacité du piégeage.

Comparaisons intra-annuelle

Les richesses spécifiques observées sont relativement conformes aux richesses spécifiques estimées (Fig. 2-6). Durant les 4 premières sessions, plus de 50 % des espèces ont été observées (ou estimées observées) pour les deux modèles biologiques (Table 2-4).

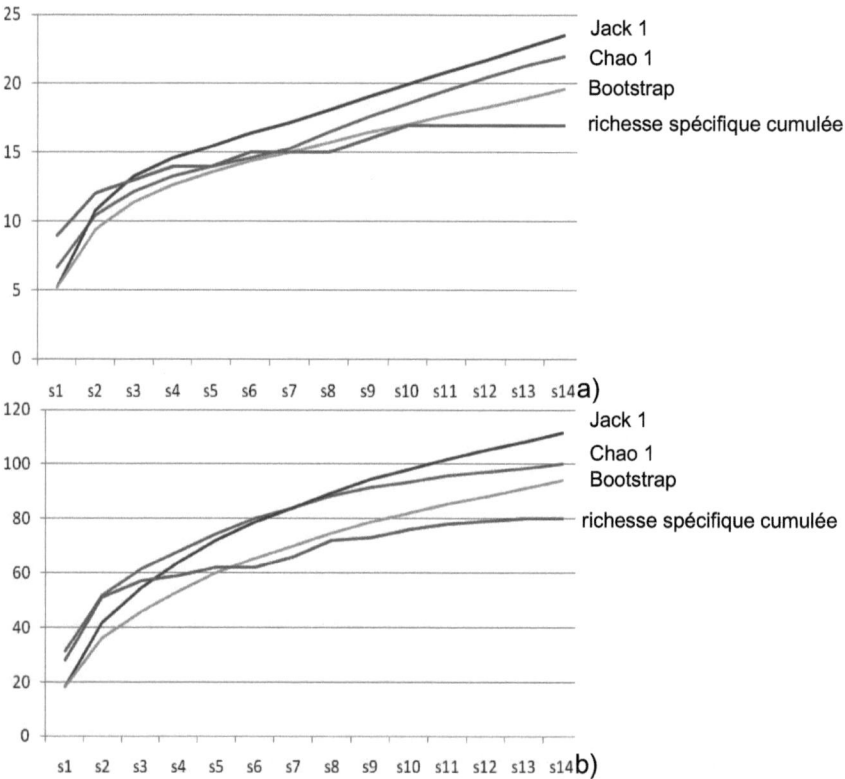

Figure 2-11 : Représentation graphique de la richesse spécifique cumulée et de la richesse spécifique estimée (estimateur Chao1, estimateur Jack1, estimateur Bootstrap) en carabiques (a) et araignées (b) du quartier des coteaux de la Maltière (Saint Jacques de la Landes) au cours du temps (mi avril (s1) – mi novembre (s14))

Tableau 2-4 : Pourcentage cumulé de richesse spécifique observée ou estimée observée au cours du temps par rapport au nombre total d'espèces observé ou estimé.

	carabiques				araignées			
	% cumulé de richesse spécifique estimé		Boots trap	% cumulé de richesse spécifique observée	% cumulé de richesse spécifique estimée		Boots trap	% cumulé de richesse spécifique observée
	Chao	Jack			Chao	Jack		
s1	30	22	27	53	31	16	19	35
s2	47	46	48	71	52	37	38	64
s3	55	56	58	76	61	49	49	71
s4	60	62	65	82	68	57	57	74
s5	64	66	69	82	74	65	64	78
s6	66	70	73	88	80	70	70	78
s7	70	73	77	88	84	76	75	83
s8	75	77	80	88	89	80	79	90
s9	80	81	84	94	91	85	84	91
s10	84	85	87	100	94	88	87	95
s11	89	89	90	100	96	91	91	98
s12	93	92	93	100	97	94	94	99
s13	97	96	97	100	99	97	97	100
s14	100	100	100	100	100	100	100	100

Comparaisons Inter-annuelle

Carabiques

Au total, sur les 3 ans, 20 espèces et 907 individus de carabiques ont été collectés. La richesse spécifique moyenne par pot est significativement plus élevée la première année (2±0.31 ; 1.53±0.19 ; 0.91±0.17) (H=12.46 ; p=0.002). De même, l'activité-densité est plus élevée la première année que la dernière (0.58±0.18 ; 0.22±0.03 ; 0.17±0.03) (H=7.05; p=0.029). Un peu moins de la moitié des espèces (9 espèces) sont observées une seule année mais elles sont en faible proportion et représentent chaque année peu d'individus (respectivement 0.83%, 4.4%, 4.05%). De même, un peu moins de la moitié des espèces (8 espèces) sont observées les 3 années. Ces espèces composent la majorité de l'assemblage (respectivement 97.48%, 92.83%, 89.29%) mais plus particulièrement *Nebria brevicollis* (respectivement 77.10%, 57.15%, 72.33%). Enfin, la proportion en activité-densité de chaque espèce est significativement semblable sur les 3 années sauf pour *Notiophilus quadripunctatus* qui est significativement plus représenté la seconde année (2009) (0.34±0.25 ; 10.11±3.23 ; 1.67±1.36) (H=7.43; p=0.024).

Araignées

Au total, sur les trois ans, 97 espèces d'araignées et 2072 individus ont été récoltés. La richesse spécifique moyenne par pot ne diffère pas significativement entre les années (H=5.874 ; p=0.053). L'activité-densité est significativement plus basse la première année que la dernière (0.37±0.06 ; 1.02±0.17 ; 1.27±0.17) (H=29.08; p<0.001). Un peu plus d'un tiers des espèces (36 espèces) sont observées une seule année mais elles sont en faible proportion et représentent chaque année peu d'individus (respectivement 2.7%, 2.9%, 5.4%). De même, un peu plus d'un tiers des espèces (37 espèces) sont observées les 3 années. Ces espèces composent la majorité de l'assemblage (respectivement 76.1%, 80.8%, 84.8%). Enfin la proportion en activité-densité de 84% des espèces (82 espèces) est significativement semblable sur les 3 années et seulement 16 % des espèces (15 espèces) sont significativement plus représentées une des 3 années.

Discussion

Des fluctuations temporelles sont observées en terme de richesse spécifique et d'abondance (activité-densité) à l'échelle intra-annuelle et inter-annuelle.

Les fluctuations intra-annuelles sont connues dans nos régions tempérées ; le printemps étant la période de plus grande activité des modèles étudiés. En effet, la majorité des espèces ont été observées entre mi-avril et mi-juin. Cependant, selon les milieux, l'été et l'automne peuvent également être une période propice. En effet, un second pic d'activité est fréquemment observé en automne pour les peuplements carabiques (Croci, 2007). Cette activité estivale et automnale des peuplements est principalement observée pour nos données araignées. Cependant, en été et en automne la pente d'accumulation des espèces est beaucoup plus faible qu'au printemps. L'apport d'information supplémentaire est faible par rapport au coût humain, matériel et financier engendré. Par conséquent, nous avons fait le choix d'effectuer nos périodes d'échantillonnage en continu (changement de la solution de conservation toutes les 2 semaines) entre mi-avril et mi-juin

Des fluctuations inter-annuelles sont également observées. En effet d'une année à l'autre l'abondance et la richesse changent significativement. Les fluctuations météorologiques inter-annuelles sont généralement mises en cause car elles peuvent favoriser ou non le développement des différentes espèces. Cependant, nos données sur 3 ans mettent en avant une structure des assemblages qui diffère très peu. La proportion de la majorité des espèces est conservée d'une année à l'autre. Ainsi, nous estimons qu'une seule année de récolte de données par protocole permet tout de même d'avoir une bonne estimation des réponses.

2.5 Synthèse des suivis réalisés

Le tableau 2-5 représente l'ensemble des expériences présentées dans ce manuscrit Le détail des variables environnementales mesurées se trouve dans chaque chapitre.

Tableau 2-5 Synthèse des études présentées dans la partie 'Résultats' de ce travail.

	Paramètre	Groupe	Variable estimés
Chap 3	Réponse au niveau de la zone de transition urbain-rural	Carabiques et Araignées	Structure des assemblages
			Richesse spécifique et activité densité totale
			Activité-densité par trait :
			- Habitats
			- Développements alaires (carabiques)
			- Guildes (araignées)
Chap 4	Effet de l'âge (10 ans vs 30 ans)	Carabiques et Araignées	Structure des assemblages
			Richesse spécifique et activité densité totale
			Activité-densité des espèces
			Activité-densité par trait :
			- Habitats
			- Taille
Chap 5	Effet de la Forme Urbaine (Nouvelles Formes Urbaines vs Formes Urbaines Vonventionnelles)	Carabiques et Araignées	Structure des assemblages
			Richesse spécifique et activité densité totale
			Activité-densité des espèces
			Activité densité par trait :
			- Habitats
			- Taille
		Papillons et Oiseaux	Structure des assemblages
Chap 6	Effets de facteurs environnementaux (d'aménagement) à différentes échelles	Carabiques et Araignées	Structure des assemblages
			Richesse spécifique et activité densité totale
			Activité-densité par trait :
			- Habitats
			- Taille

3. Relation entre milieu urbain et milieu rural

Ce chapitre est présenté sous la forme d'un article paru dans la revue *Journal of Arachnology* (volume 39, numéro 2).

Résumé

Des études récentes indiquent que la biodiversité est plus faible en milieu urbain que dans les paysages agricoles, avec une diminution à la fois de la richesse en espèces et de l'abondance dans les zones urbaines. La plupart des publications traitent de travaux basés sur des gradients urbains-ruraux de plusieurs kilomètres, mais il n'est pas encore évident que les changements soient progressifs le long de ce gradient ou que certaines transitions brusques se produisent entre ces deux habitats très contrastés. L'objectif de cette étude est de déterminer si et comment une limite urbaine-rurale aura une incidence sur deux groupes d'arthropodes dans un seul type d'habitat (haies) et sur une courte distance (environ 1 km). Nous avons fait l'hypothèse que les modèles biologiques ne répondent pas de façon identique ; selon une étude comparant ces deux modèles sur un long gradient urbain-rural, les araignées seraient censées répondre peu ou pas du tout à la limite, tandis que les carabiques seraient censés réagir brusquement à la limite. De plus, nous nous attendons à une réponse en fonction de traits d'histoire de vie (traits qui sont notamment sélectionnés en milieu urbain).

Sur un gradient d'1km, 5 zones ont été définies suivant leur distance à la frontière ville-campagne : deux dans la ville (U1 et U2, respectivement 0-150 mètres et 150-300 mètres de la limite), l'un sur la frontière (E) et deux dans la zone rurale (R1 et R2, respectivement 250-450 mètres et 950-1150 mètres de la frontière) (Table 2-1). Le long de ce gradient, les réponses des assemblages ont été étudiées à l'aide de la richesse spécifique, de l'activité-densité totale et par trait d'histoire de vie, ainsi que de la composition des assemblages. Les analyses par modèles linéaires généralisés ont montré une activité-densité des espèces d'araignées de milieu ouvert et des chasseuses plus élevée dans les zones rurales. De plus, les analyses multivariées ont montré que les zones urbaines peuvent être distinguées des zones rurales suivant la composition des assemblages. La zone frontalière, pour les araignées, était intermédiaire aux deux autres, alors que pour les carabiques elle était incluse dans la zone rurale.

Contrairement à nos hypothèses, le milieu urbain ne semble pas sélectionner les araignées suivant leurs traits d'histoire de vie, notamment pour les espèces de milieu ouvert, fréquemment associées au milieu urbain. Cependant, contrairement aux autres études sur les gradients urbains, nous ne travaillons pas sur les boisements mais sur les haies. Les résultats obtenus avec les araignées chasseuses, également plus actives en milieu rural, sont en accord avec la majorité des études montrant l'effet négatif de l'urbanisation. Concernant les carabiques, l'urbanisation ne semble pas influencer leur richesse spécifique et leur activité densité, ceci en contradiction avec de nombreuses études précédentes. Cependant, nous sommes sur un gradient court (environ 1km) alors que 3km semblent nécessaires pour avoir un changement d'assemblages. Enfin, nos résultats montrent comment selon nos hypothèses, les deux modèles biologiques ne répondent pas de manière identique à la lisière. Les araignées répondent de manière plus progressive alors que les carabiques (au niveau composition des assemblages) de manière plus brusque. Ces différences de réponse peuvent être attribuées aux différences de pouvoir de dispersion et aux variations de sensibilité aux variables locales. Les carabiques seraient fortement sensibles aux changements dans la structure du paysage et les araignées à des changements continuels des facteurs locaux.

Comparative responses of spider and carabid beetle assemblages along an urban-rural boundary gradient

Marion Varet : Université de Rennes 1, UMR CNRS 6553, 263 Avenue du Général Leclerc, CS 74205, 35042 Rennes Cedex, France. E-mail : marion.varet@sfr.fr

Julien Pétillon : URU 420 – Université de Rennes 1, UMR 7204 – Muséum National d'Histoire Naturelle, 263 Avenue du Général Leclerc, CS 74205, 35042 Rennes Cedex, France.

Françoise Burel : Université de Rennes 1, UMR CNRS 6553, 263 Avenue du Général Leclerc, CS 74205, 35042 Rennes Cedex, France.

Abstract: The urbanization process is the motor of deep environmental changes at both local and landscape levels. Although more and more studies are investigating the ecological consequences of urbanization, only a few have studied small-scale responses of biodiversity to urban-rural boundary gradients, and even fewer have compared different model groups synchronically. In this study, we compared the responses of two invertebrate groups often used as bioindicators, spiders and carabid beetles, along small-scale boundaries (around 1 km). The following parameters were estimated: assemblage composition, species richness, and activity-densities overall and per life history trait (habitat preference, dispersal abilities for carabid beetles and hunting guilds for spiders). The field data were collected in 2009 using pitfall traps set randomly in hedgerows within urban, boundary and rural zones (30 traps in total). 924 adult spiders belonging to 78 species were collected, whereas the 330 captured carabid beetles belonged to 25 species. We found no evidence of any significant change in carabid beetle activity-density (overall and for most life history traits) or in species richness along the urban-rural gradient. Conversely, there was a significant change in spider activity-density, both per habitat preference and per hunting guild. We also found a progressive change in community composition for spiders. Our results suggest that studying different model groups can provide complementary information about urbanization.

Keywords: Hedgerow, urbanization, habitat preference, trophic guild, dispersal abilities, Araneae, Carabidae

Introduction

During the last decades, the urban population has strongly increased, creating intensive urban areas and encroaching on adjacent rural areas (Douglas, 1992; Fenger, 1999; Weber, 2003). Urbanization is defined as the installation process of anthropogenic structures (e.g. buildings, roads) in existing natural or farming areas, in order to satisfy human population requirements (Croci et al., 2008). According to this definition, the urbanization process is the motor of a deep modification in the environment. Urbanization affects energy flows, biochemical cycles, climate conditions, hydrology and soil properties (Breuste et al., 1998; Baker et al., 2002). This important land use change has a strong impact on biodiversity, and progressively more studies are examining the impact of urbanization. Currently, the main ecological questions are how species cope with the urban environment, pollution and the fragmentation of "natural habitats", and how this biodiversity is linked to the adjacent rural environment. Recent studies indicate that biodiversity is lower in urban environments than in agricultural landscapes (Niemelä, 2009), with a decrease in both species richness and abundance in urban areas (Blair, 1996, 1999; Clark et al., 2007; Clergeau et al., 1998; Denys & Schmidt, 1998; Lehvävirta et al., 2006; McKinney, 2002; Pacheco & Vasconcelos, 2007; Sadler et al., 2006; Yamaguchi, 2004). On this issue, the main bulk of recent research on invertebrates has concentrated on carabid beetles (Alaruikka et al., 2002; Niemelä et al., 2002; Ishitani et al., 2003; Gaublomme et al., 2008; Niemelä, 2009). Until now, only a few studies have focused on spiders (Alaruikka et al., 2002; Magura et al., 2010).

Most of the information published to this day has considered long gradients (several km) from the center of the city to the rural areas, but it is not clear yet whether the changes are progressive along this gradient or if some sharp transitions occur between those two highly contrasted habitats. Transition zones between ecosystems (e.g. ecotones) may control the flow of energy, material, and organisms between ecosystems. The functioning of the boundary is also one of the mechanisms that may explain biodiversity patterns (Di Castri & Hansen, 1992). Most of the previous work hypothesized for example some exchanges between rural and urban areas, rural areas being sources of individuals able to colonize the city. The aim of the present study is to investigate whether and how an urban-rural boundary will affect two groups of arthropods in a single habitat type (hedgerows) and over a short distance (around 1 km). Spiders and carabid beetles were selected as model groups because they are known to react strongly to changes in microhabitat conditions and therefore are often used as bioindicators (Marc et al., 1999; Bell et al., 2001; Luff et al., 1992; Rainio & Niemelä, 2003; Pearce & Venier, 2006).

In our research we tested the following hypotheses: 1) According to the conclusions of Alaruikka et al. (2002) spider and carabid beetle assemblages in urban areas differ in their responses to an urban-rural boundary. Spiders are expected to respond only slightly or not at all to the boundary, whereas carabid beetles are expected to respond strongly and suddenly to the boundary. 2) The urban environment selects for particular ecological traits (Blair, 2001). In both groups, species from open habitats are expected to be more associated with urban areas due to a more open, mineralized environment. As the urban environment is composed by a hostile matrix, individuals with high capacity for (long-distance) dispersal are generally favored (Thiele, 1977); more macropterous species of carabid beetles are therefore expected in urban habitats. The dispersal of spiders was not estimated since dispersal propensity is supposed to be a non-limiting factor in displacement and settlement for most species (e.g., Bell et al., 2005). As litter and vegetation structure in hedgerows are less complex in urban habitats (Frileux, 2008), fewer web-building spiders and more cursorial spiders are expected there (Uetz, 1979).

Methods

Study sites and sampling design

The study site was located at the boundary between urban and agricultural areas in Pacé (N 48°9'0", W 1°46'0") a municipality of 8600 inhabitants located within the conurbation of Rennes (Brittany, France), which comprises 205,000 inhabitants. Sampling points were set in hedgerows, the main semi-natural structures in both areas, at five sites (with six sampling points per site) defined according to their distance to the boundary: two in the city (U1 and U2, respectively 0-150 meters and 150-300 meters from the boundary), one on the boundary (E) and two in the rural area (R1 and R2, respectively 250-450 meters and 950-1150 meters from the boundary) (Fig. 3-1).

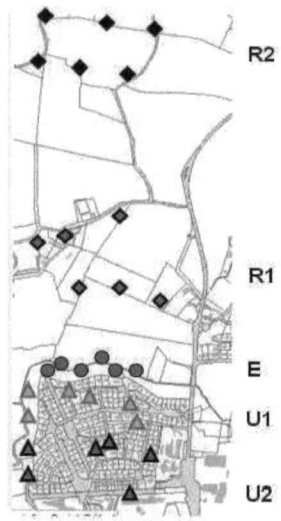

Figure 3-1 : Location of the sampling sites and traps in Pacé (Brittany, France). U2 (▲), U1 (▲), E (●), R1 (♦) and R2 (♦).

The percentage of asphalt cover was calculated by GIS (Geographic information system) in a 100m² perimeter around each site, and the percentage of plant cover was visually assigned to classes (0-1%;1-5%; 5-25%; 25-50.; 50-75%; 75-100%). Soil water content and temperature were measured 8 times at each site during the summer of 2009 using a W.E.T. sensor (5cm deep) connected to a moisture meter HH2 (both by Delta-T Devices Ltd., Cambridge, UK). The percentage of asphalt cover decreased along the urban-rural gradient whereas the percentage of plant cover increased along the same gradient (Table 3-1). Hedgerows were mostly oriented N/S, except those located at one urban site, which were oriented E/W. There was no effect of sites on other habitat characteristics (Table 3-1), indicating that conditions within hedgerows were similar in this respect.

Each sample point consisted of one pitfall trap (diameter at the surface: 85mm) covered with a plastic roof. The pitfall traps were filled with preservation solution composed of 50% monopropylen glycol 50% and 50% salt solution of 100g/l (best fluid for collecting ground-dwelling spiders: Schmidt et al., 2006). The pitfall traps were emptied every two weeks for eight weeks between mid April 2009 and mid June 2009.

Table 3-1 : Habitat characteristics of five sampling sites (percentage min and max of classes of herbaceous cover, mean (± SE) for litter depth, temperature and moisture)

	U2	U1	E	R1	R2
Asphalt cover (%)	48	50	12.5	4	0.5
Hedgerow exposition	N-NE/S-SW	E/W	N/S	N-NE/S-SW	N/S
Herbaceous cover (%)	1-5	5-25.	25-50	25-50	25-50
Litter depth (cm)	0.83±0.31	1.83±0.56	1.08±0.30	2.33±0.56	1.25±0.34
Temperature (°C)	14.57±0.45	13.61±1.07	12.97±0.18	14.28±0.65	15.01±0.67
Moisture (%)	15.90±1.19	14.21±0.48	11.93±1.1	13.19±1.55	12.45±2.04

Species identification and classification

Carabid beetles and spiders were preserved in 70% ethanol and stored in the University collection (Rennes, France). Adult carabid beetles were identified using Jeannel (1941, 1942) and Trautner & Geigenmüller (1987), whereas adult spiders were identified using Roberts (1987, 1995) and Heimer & Nentwig (1991). The nomenclature follows Lindroth (1992) for carabid beetles and Canard (2005) for spiders.

Catches in pitfall traps were linked to trapping duration and pitfall perimeter, in order to calculate an 'activity trappability density' (number of individuals per day and per meter: Sunderland et al., 1995), further abbreviated as 'activity-density'. In order to analyze the community responses along the gradient, we studied species richness and total and per ecological trait activity-densities, as well as the assemblage composition (based on species activity-density).

Carabid beetles and spiders were classified into three classes of habitat preference using Hänggi et al. (1995), Harvey et al. (2002), Luff (1998) and Bouget (2004): forest species (species predominantly found in forest areas), open habitat species (species which occur predominantly in open habitats), other (species occurring in wet habitats and generalist species). The dispersal abilities of carabid beetles were estimated by the development of wings (e.g., Hendrickx et al., 2007) and species were classified as macropterous, apterous or dimorphic, in accordance with research by Lindroth (1992) and Desender et al. (2008). Spiders were classified according to their hunting habits (Uetz et al., 1999): web builders, ambushers and ground runners.

Statistical analysis

In order to analyze patterns of species composition along the urban-rural boundary gradient, multivariate analyses on activity-density of all species were performed using the software CANOCO (Ter Braak & Šmilauer, 2002). The choice between linear (Principal Component Analysis: PCA) or unimodal (Correspondence Analysis: CA) analyses depended on the length values of the first axis gradient previously realized with DCA (Detrended Correspondence Analysis).

In order to test differences in species richness and density-activity (total and per ecological trait) between the five sites, GLM with quasi-Poisson distribution were performed using data from the individual traps (Vincent & Haworth, 1983; O'Hara & Kotz, 2010). When GLM revealed a significant effect of site factor, Tukey's post-hoc tests with Bonferroni correction for multiple comparisons were performed between mean parameters. The resulting data were analysed within R software (R Development Core Team, 2009).

Results

Description of the fauna

In total, 924 individuals of spiders belonging to 78 species were collected. 15 families were represented, among which Lycosidae were dominant (51% of all individuals), followed by Linyphiidae (14.5%); Thomididae (5.9%); Dysderidae (4.9%) and Gnaphosidae (3.9%). The individuals from 5 species, *Pardosa prativaga*, *Pardosa amentata*, *Alopecosa pulverulenta*, *Pardosa lugubris*, and *Ozyptila praticola*, accounted for more than 40% of all catches.

In total, 330 individuals of carabid beetles belonging to 24 species and 15 genera were collected. The individuals from 3 species, *Nebria brevicollis*, *Pterosticus cupreus* and *Notiophilus quadripunctatus*, accounted for more than 50% of all catches.

Changes of species assemblage along the gradient

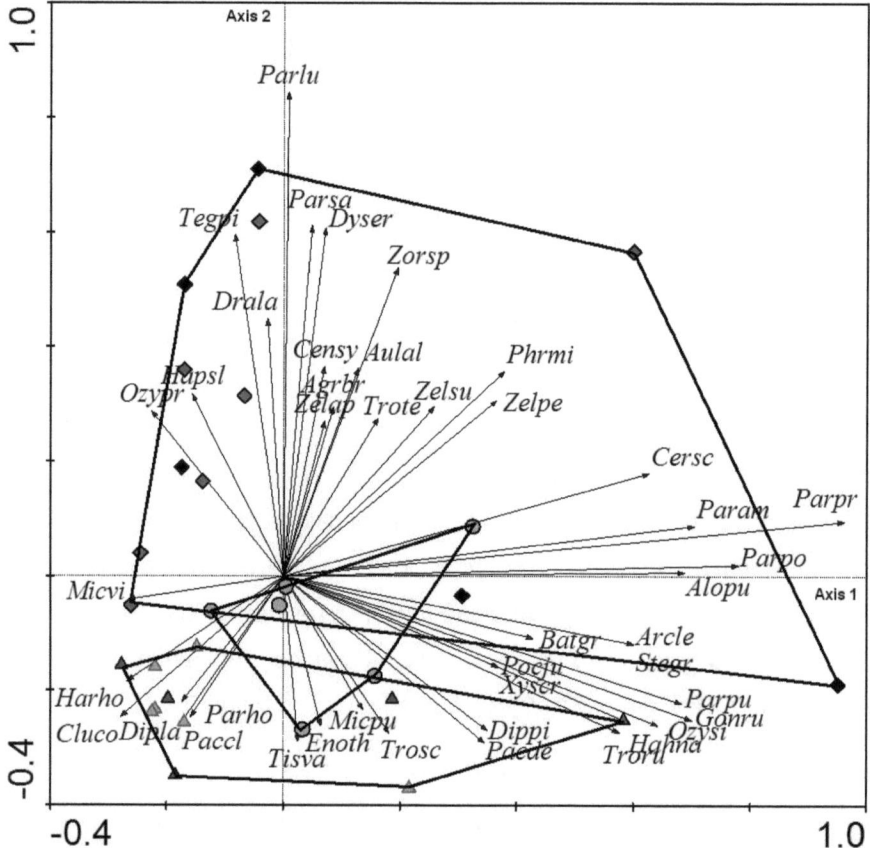

Figure 3-2 : Ordination diagram of the first two axes of Principal Component Analysis for 75 spider species (asterisk). For projection, the species fit range is from 7% to 100%; 43 species are represented and 30 samples.

Abbreviations: U2 (▲), U1 (▲), E (●), R1 (♦) and R2 (♦). The envelopes (solid lines) group urban (U1-U2), rural (R1-R2) and boundary (E) sites.

Species: Agrbr=Agroeca brunnea (Blackwall, 1833); Alopu=Alopecosa pulverulenta (Clerck, 1757); Arcle=Arctosa leopardus (Sundevall, 1833); Aulal=Aulonia albimana (Walckenaer, 1805); Batgr=Bathyphantes gracilis (Blackwall, 1841); Censy=Centromerus sylvaticus (Blackwall, 1841); Cerbr=Ceratinella brevipes (Westring, 1851); Cersc=Ceratinella scabrosa (Cambridge, 1871); Cluco=Clubiona comta Koch, 1839; Dipla=Diplocephalus latifrons (Cambridge, 1863); Dippi=Diplocephalus picinus (Blackwall, 1841); Drala=Drassodes lapidosus (Walckenaer, 1802); Dyser=Dysdera erythrina (Walckenaer, 1802); Enoth=Enoplognatha thoracica (Hahn, 1833); Gonru=Gongylidium rufipes (Linnaeus, 1758); Hahna=Hahnia nava (Blackwall, 1841); Hapsl=Haplodrassus silvestris (Blackwall, 1833); Harho=Harpactea hombergi (Scopoli, 1763); Micpu=Micaria pulicaria (Sundevall, 1831); Micvi=Microneta viaria (Blackwall, 1841); Ozypr=Ozyptila praticola (Koch, 1837); Ozysi=Ozyptila simplex (Cambridge, 1862); Paccl=Pachygnatha clercki Sundevall, 1823; Pacde=Pachygnatha degeeri Sundevall, 1829; Param=Pardosa amentata (Clerck, 1757); Parho=Pardosa hortensis (Thorell, 1872); Parlu=Pardosa lugubris (Walckenaer, 1802); Parpo=Pardosa proxima (Koch, 1848); Parpr=Pardosa prativaga (Koch, 1870); Parpu=Pardosa pullata (Clerck, 1757); Parsa=Pardosa saltans Töpfer-Hofmann, 2000; Phrmi=Phrurolithus minimus Koch, 1839; Pocju=Pocadicnemis juncea Locket & Millidge, 1953; Stegr=Steatoda grossa Koch 1838; Tegpi=Tegenaria picta Simon, 1870; Tisva=Tiso vagans (Blackwall, 1834); Troru=Trochosa ruricola (de Geer, 1778); Trosc=Troxochrus scabriculus (Westring, 1851); Trote=Trochosa terricola Thorell, 1856; Xyscr=Xysticus cristatus (Clerck, 1757); Zelap=Zelotes apricorum (Koch, 1876); Zelpe=Zelotes pedestris (Koch, 1837); Zelsu=Zelotes subterraneus (Koch, 1833); Zorsp=Zora spinimana (Sundevall, 1833)

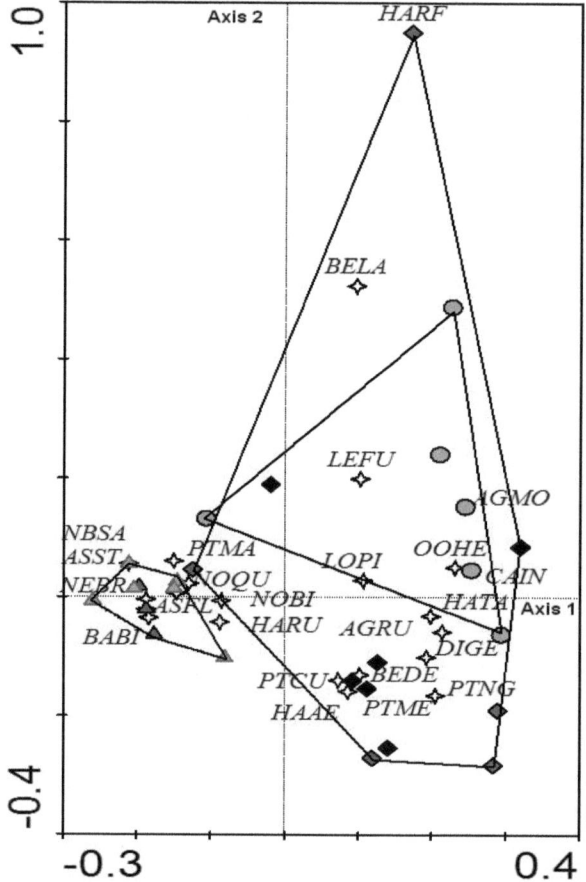

Figure 3-3 : Ordination diagram of the first two axes of Correspondence Analysis for 25 carabid species (☆) and 30 samples.

Abbreviations: U2 (▲), U1 (▲), E (●), R1 (♦) and R2 (♦). The envelopes (solid lines) group urban (U1-U2), rural (R1-R2) and boundary (E) sites.

Species: AGRU=Agonum dorsalis (Pontoppidan); AGMO=Agonum moestum (Dufts.,1812); ASFL=Asaphidion flavipes (Linné, 1761); ASST=Asaphidion stierlini (Heyden, 1880); BABI=Badister bipustulatus (Fabricius, 1792); BEDE=Bembidion dentellum (Thunberg,1787); BELA=Bembidion lampros (Herbst, 1784); CAIN=Carabus intricatus Linnaeus1761; DIGE=Diachromus germanus (Linné, 1758); HAAE=Harpalus affinis (Fabricius, 1792); HARU=Harpalus rubripes (De Geer, 1774); HARF=Harpalus rufipes (De Geer 1774); HATA=Harpalus tardus (Panzer, 1796); LEFU=Leistus fulvibarbis (Dejean, 1826); LOPI=Loricera pilicornis (Fabricius, 1775); NEBR=Nebria brevicollis (Fabricius, 1792); NBSA=Nebria salina Fairmaire & Laboulbene, 1854; NOBI=Notiophilus biguttatus (Fabricius, 1779); NOQU=Notiophilus quadripunctatus (Dejean, 1826); OOHE=Oodes helopioides (Fabricius, 1792); PTCU=Pterostichus cupreus (Linné, 1758); PTMA=Pterostichus madidus (Fabricius, 1775); PTME=Pterostichus melanarius (Illiger, 1798); PTNG=Pterostichus nigrita (Paykull, 1790).

Axis 1 of the PCA on spider assemblages (Fig. 3-2) represented 24.6% of inertia, and axis 2 11.0% of inertia. Axis 2 segregated urban sites from rural ones, the boundary traps were located between those from urban and rural sites. Rural traps were characterized by *P. lugubris*, *Tegenaria picta*, *Dysdera erythrina* and *Pardosa saltans*.

Axis 1 of CA on carabid beetle assemblages (Fig. 3-3) represented 15.9% of inertia, and Axis 2 13.0% of inertia. Boundary sites were included in envelop rural group. Axis 1 segregated urban traps from rural-boundary ones. Urban traps were mainly characterized by *N. brevicollis*, *Badister bipustulatus* and *Asaphidion stierlini* whereas boundary and rural traps were characterized by *Carabus intricatus*, *Harpalus tardus* and *Agonum moestum*.

Changes of species density and species richness along the gradient

There was a significant effect of sites on the total activity-density of spiders and the activity-density of "other habitat" species ($F_{1,4}=4.90$, p=0.005 and $F_{1,4}=4.45$, p=0.007, respectively) but post-hoc tests did not reveal significant differences between sites. The species richness and the activity-density of forest species and web builders were not significantly different between sites ($F_{1,4}=0.66$, p=0.625; $F_{1,4}=0.73$, p=0.578 and $F_{1,4}=0.18$, p= 0.946, respectively), but there was a significant effect of sites on the activity-densities of open-habitat species ($F_{1,4}=4.88$, p=0.005; Fig. 3-4a), ambushers ($F_{1,4}=4.19$, p=0.009; Fig. 3-4b) and ground runners ($F_{1,4}=6.06$, p<0.001; Fig. 3-4c).

For carabid beetles, sites had no significant effect on most tested explanatory variables (species richness: $F_{1,4}=1.24$, p=0.321; total activity-density: $F_{1,4}=1.93$, p=0.14; activity-densities of dimorphic and macropterous species: $F_{1,4}=0.50$, p=0.738 and $F_{1,4}=2.29$, p=0.087, respectively; activity-densities of forest, open and other habitat species: $F_{1,4}=2.24$, p=0.094; $F_{1,4}=1.48$, p=0.237, and $F_{1,4}=2.16$, p=0.103, respectively). There was a significant effect of sites only on the activity-density of apterous species ($F_{1,4}=2.78$, p=0.048), but post-hoc tests did not reveal significant differences between sites.

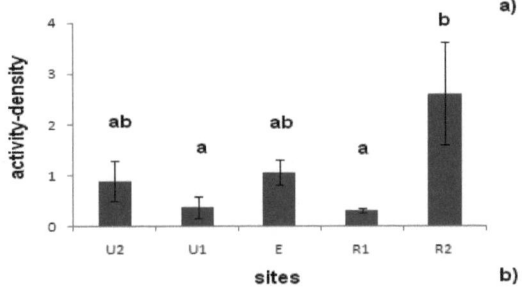
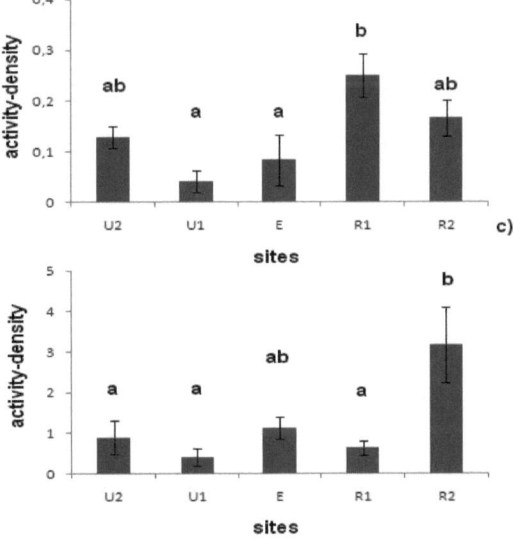

Figure 3-4 : Mean activity-density (± SE) of spiders per site along the urban-rural boundary gradient.
a) open habitat species,
b) ambushers,
c) ground runners. Significant differences are assigned by different letters above bars.

Discussion

Contrary to carabid beetles, the composition of spider assemblages in the boundary was intermediate between those from urban and rural habitats. Characteristic species for urban habitats were *Enoplognatha thoracica*, *Tiso vagans* and *Troxochrus scabriculus* and, for rural habitats, *P. lugubris*, *T. picta*, *D. erythrina* and *P. saltans*. In addition, changes in activity-density were either null, or progressive, indicating a general non-sharp response of spider assemblages to the boundary. That result was mainly due to species with low to medium activity-densities, whereas dominant species (i.e. *A. pulverulentata*, *P. amentata* and *P. prativaga*) were distributed along the whole urban-rural transect. The latter species are all widely distributed in Europe and occur in a large variety of habitats (Harvey et al., 2002; Le Péru, 2007).

This progressive change between urban and rural habitats was also observed in relation to habitat preferences. The activity-densities of species from open habitats smoothly increased from urban to rural habitats. That result is quite different from that of previous studies (and from our expectations) which showed that species from open habitats were associated with urban areas whereas forest species were more frequently found in rural habitats (e.g. Magura et al., 2004). Yet, it is important to note that most previous studies were carried out in woodlands, not in hedgerows as was the case here. No response from the web-builder guild was found, but that can be easily explained by the lack of efficiency of pitfall trapping for that guild (e.g. Churchill, 1993). The patterns of hunter guilds (ambushers and ground runners) along the gradient do not especially support the view of a progressive response, but instead present, as expected, a lower activity-density in urban habitats. That general negative impact of urbanization is in accordance with most studies carried out along (long) urban-rural transects (Denys & Schmidt, 1998; Blair, 1999; Yamaguchi, 2004; Lehvävirta et al., 2006; Sadler et al., 2006; Clark et al., 2007; Pacheco & Vasconcelos, 2007), but appears more in contradiction with the few studies specifically focused on spiders along large-scale urban-rural gradients (Alaruikka et al., 2002; Magura et al., 2010).

For carabid beetles, neither classical parameters (density-activity and species richness) nor parameters derived from life history traits varied along the urban-rural boundary gradient, invalidating *pro parte* our expectations. That result is also quite contradictory to most studies that revealed a strong negative impact of urbanization (e.g. Alaruikka et al., 2002; Ishitani et al., 2003). It must be stressed that our study originally investigated a very small-scale response (around 1 km), whereas most studies indicated some changes in carabid beetle species richness only after more than 3 km (e.g. Weller & Ganzhorn, 2004). The length of the gradient studied here would thus be too short to reveal some responses of carabid beetles, known to react to changes in landscape structure (Burel et al., 1998). Changes in assemblage composition along the urban-rural boundary gradient as revealed by multivariate analysis included the discrimination of two groups, associated to the urban and rural-boundary habitats. Urban habitats were dominated by *N. brevicollis*, whose activity-densities strongly decreased in rural habitats. That species was already known to occur mainly in urban areas (Weigmann, 1982). Boundary and rural habitats were conversely characterized by *C. intricatus*, a forest species (e.g. Desender et al., 2008). Further studies should then investigate the importance of hedgerow connectivity in forest species colonization.

As revealed by multivariate analyses, spider and carabid beetle assemblages exhibited different types of response along an urban-rural boundary gradient. Spiders exhibited a rather progressive response whereas it was almost null for carabid beetles. This difference may be attributed to differences in dispersal abilities and in sensitivity to environmental factors, or to an interaction between these two variables. Spiders are for example known to be sensitive to variations in litter depth (Uetz, 1979), possibly with a higher magnitude than carabid beetles (Pétillon et al., 2008). It has been shown that species with high dispersal abilities are more sensitive to local habitat factors whereas species with poor dispersal capacity are more dependent on large-scale, landscape, factors (Croci et al., 2008). Carabid beetles would thus strongly respond to changes in landscape structure and spiders to continuous changes in local factors, which could explain, together with their high dispersal tendency (for both short and long distances: Bell et al., 2005), their progressive response along an urban-rural boundary gradient. It must finally be stressed that the different responses of the two studied groups may also be attributed to the low number of carabids caught and to some co-varying factors likely to create heterogeneity among traps or sites from one single area. Differences in hedgerow orientation are for example known to influence spider assemblage composition, at least for vegetation-dwelling species (Ysnel & Canard, 2000).

In conclusion, this study highlights the importance of comparing several model groups synchronically, as their scale of sensitivity to environmental factors, and thus their response to a given process, may differ.

Acknowledgments

We would like to thank Anne Treguier and Béatrice Sauzeau for their help in collecting individuals and identifying carabid beetles, and the following people for their help in identifying problematic spiders: Alain Canard, Robert Bosmans (genera *Lepthyphantes* and *Zodarion*) and Christophe Hervé (genus *Drassodes*). Vasileios Bontzorlos, Sandrine Baudry and two anonymous reviewers are acknowledged for their comments on an earlier draft. J.P. was granted by the Fund for Scientific Research – Flanders (FWO-project G.0057/09N). This study was funded by Rennes Métropole.

Bibliography

See the general reference list.

4. Lien entre l'âge des quartiers et la biodiversité

Ce chapitre est présenté sous la forme d'un article parue dans la revue Animal Biology 63 (2013) 257–269

Résumé

L'urbanisation des terres est une perturbation majeure du milieu par l'homme. Elle a un rôle important dans la dynamique des écosystèmes et implique des changements importants à court et long termes. À long terme, l'urbanisation induit des changements du paysage et physico-chimiques alors qu'à court terme, elle entraîne une modification de l'habitat par la destruction et la dégradation du milieu. La réponse de la diversité est également dynamique dans le temps en réponse, entre autres, aux perturbations. Suivant les principes des successions écologiques, les assemblages changent au cours du processus de recolonisation. Dans cette étude, nous avons comparé la réponse de deux groupes d'arthropodes (les carabiques et les araignées) connus pour réagir fortement aux changements de conditions des micro-habitats. Ainsi, d'après le processus de recolonisation, notre hypothèse était que les espèces opportunistes, généralistes et ayant un pouvoir de dispersion élevé coloniseraient en premier les zones urbaines alors que les espèces à faible pouvoir de dispersion et spécialistes coloniseraient ces habitats plus tard. Ainsi, dans cette étude nous avons comparé la diversité de six sites de deux âges de construction différents (10 et 30 ans) (Table 2-1) pour tester ces hypothèses.

Les classifications à ascendance hiérarchique ne permettaient pas de distinguer des assemblages spécifiques à l'âge des quartiers. De plus, les activités-densités (totales, par espèce, selon la taille et selon la préférence d'habitat) et les richesses spécifiques observées (pour les carabiques et les araignées) étaient indépendantes de l'âge des sites, sauf dans trois cas. Les individus carabiques de taille moyenne et les individus de l'araignée *Diplocephalus picinus* étaient ainsi plus densément actifs dans les jeunes quartiers alors que le carabique *Notiophilus rufipes* était plus densément actif dans les vieux quartiers.

Contrairement à nos hypothèses, les assemblages carabiques et ceux d'araignées ne changent pas au cours du temps entre 10 et 30 ans. Afin d'expliquer cette réponse, deux hypothèses peuvent être émises. La première est que 30 ans n'est pas un temps assez long pour une recolonisation des espaces verts du milieu urbain. Cependant ce temps est biologiquement long pour les indicateurs utilisés. Ainsi cette première hypothèse peut être écartée en faveur de la seconde, qui implique que 10 ans est un temps suffisant pour une colonisation optimale des espaces verts du milieu urbain.

Malgré un âge de construction des quartiers relativement élevé, les assemblages présentent une forte proportion d'espèces généralistes. C'est peut être dû au fait que les espaces verts de ce milieu (soit les habitats potentiels) sont fréquemment entretenus, action perçue comme une perturbation limitant la colonisation par des spécialistes. De plus, selon le modèle source-puits résultant des théories d'insularité, il devrait y avoir apport de diversité du milieu rural vers le milieu urbain. Les assemblages comportent cependant relativement très peu d'individus par rapport à ceux du milieu rural. Ainsi ce modèle ne semble pas forcement très efficace dans ce cas précis. Pourtant le milieu urbain est tout de même colonisé ; de nombreux travaux ont mis en évidence un certain niveau de diversité dans les parcs urbains. Ainsi la structure de paysage (milieu urbain) ne semble pas être le seul élément déterminant le niveau de colonisation ; la qualité de l'habitat semble également essentielle.

Colonisation by carabid beetles and spiders in newly creally urban habitat

Marion Varet : Université de Rennes 1, UMR CNRS 6553, 263 Avenue du Général Leclerc, CS 74205, 35042 Rennes Cedex, France. / Rennes Métropole, Communauté d'agglomération rennaise, 4 Avenue Henri Fréville, CS 20723, 35207 Rennes Cedex, France. E-mail : marion.varet@sfr.fr

Françoise Burel : Université de Rennes 1, UMR CNRS 6553, 263 Avenue du Général Leclerc, CS 74205, 35042 Rennes Cedex, France.

Denis Lafage : Université d'Angers, UNAM, GECCO, 2 Boulevard Lavoisier, 49045 Angers, France / Université de Rennes 1, URU 420, UMR 7204 – Muséum National d'Histoire Naturelle, 263 Avenue du Général Leclerc, CS 74205, 35042 Rennes Cedex, France

Julien Pétillon : URU 420 – Université de Rennes 1, UMR 7204 – Muséum National d'Histoire Naturelle, 263 Avenue du Général Leclerc, CS 74205, 35042 Rennes Cedex, France.

Abstract: Urbanization creates human disturbance that plays an important role in ecosystem dynamics. Most of the time, there is a time lag between disturbance and colonization. Opportunistic species with high dispersal power colonize first, while habitat specialist species with a lower power of dispersal colonize later; the communities change with time after disturbance.We hypothesize that, following the establishment of a new neighbourhood, arthropod communities will change from habitat generalists to specialists, and will be more similar to those of the adjacent countryside.We selected two groups of invertebrates often used as bioindicators, spiders and carabid beetles. The following parameters were estimated: assemblage composition, species richness, activity-density total and per life history trait (broad habitat preference). The field data were collected in 2010 within 3 towns located in France. Neighbourhoods of 10 and 30 years old were pair-matched in these towns and sampled using pitfall traps set randomly in hedgerows (120 traps in total). 2101 adult spiders belonging to 89 species were collected, whereas the 643 captured carabid beetles belonged to 24 species. We found no evidence of any significant change in carabid beetle and spider communities according to neighbourhood age. The assemblages were mainly composed of habitat generalist species. These results suggest that urban areas can be seen to be in continual state of disruption, and colonization of these areas is assumed to be relatively rapid (i.e., less than 10 years in our case study), although incomplete.

Keywords: Araneae; Carabidae; Coleoptera; human disturbance; succession; urban ecology

Introduction

The urbanization process is increasing in response to population growth and changes in lifestyle (Fenger, 1999; Weber, 2003). Urbanization can be defined as an implementation of anthropogenic structures (e.g., buildings, roads, etc.) to satisfy human population requirements at the expense of agricultural or natural areas (Germaine & Wakeling, 2001; McKinney, 2002). Thus, these modifications induce important changes in the long and short terms. In the long term, urbanization leads to landscape and physicochemical changes (Breuste et al., 1998; Baker et al., 2002): the creation of urban heat islands, concentrations of pollution (Fenger, 1999), fragmentation of natural areas (Antrop, 2004; Alberti, 2005) and the creation of new habitat types. In the short term, urbanization leads to habitat alteration by destruction and degradation (Davis & Glick, 1978; Niemelä, 1999; Tratalos et al., 2007). This important land-use change has a strong impact on biodiversity (e.g. Sanford et al., 2008; Fattorini, 2011). Most studies investigated the effects of urbanization by comparing urban and rural areas (Alaruikka et al., 2002; Sadler et al., 2006; Clark et al., 2007; Gaublomme et al., 2008; Niemelä, 2009), but in these studies, the age of the different neighbourhoods was usually not taken into account. However, the response of diversity is dynamic over time, often with a time lag between environmental change and biodiversity change (Forman, 1995; Foster et al., 1998; Łaska, 2001). Disturbance (whether associated with urbanization or not) plays an important role in ecosystem dynamics (White, 1979; Mooney & Godron, 1983; Łaska, 2001) and may lead to the dispersal or local extinction of plants and animals, thus drastically reducing diversity. Later, following the principles of ecological succession, the colonization of the area by new species is expected (Tilman, 1983; Pickett et al., 1989) if suitable habitats are available. Communities will then change during the colonization process. Recovery time varies according to target species and landscape connectivity (e.g. Connell & Slatyer, 1977).

In this study, we compared the response of two groups of invertebrate species, carabid beetles and spiders, which are known to react strongly to changes in microhabitat conditions and are often used as bioindicators (for spiders see Marc et al., 1999; Bell et al., 2001; for carabid beetles see Luff et al., 1992; Rainio & Niemelä, 2003; for both groups see Pearce & Venier, 2006). Following the principle of colonization (e.g. White, 1979), we hypothesized that habitat generalist species (often having high dispersal power) are the first to colonize urban areas, while habitat specialist species (generally having low dispersal power) colonize later (see, e.g., Southwood, 1962). To test for such a colonization process, we compared assemblages from sites differing in building age, i.e., 10 vs. 30 years. These ages were chosen because, in a previous study (Varet et al., 2011), we found that 10-year neighbourhoods were 'still' dominated by pioneer species, with a lot of forest and/or low-disperser species missing (i.e., present in the surroundings but not in the town), although the habitat quality was apparently sufficient.

Material and method

Study sites and sampling design

The study sites were located within the conurbation of Rennes, Brittany, France, in three towns: Acigné (N48°0805, W01°3207) (coded A), Vezin-le-Coquet (N48°77, W1°450) (coded B) and Pacé (N48°852, W1°460) (coded C). In each town, two zones (neighbourhoods) were selected depending on the date when they were built: one neighbourhood was 10 years old and the other one was 30 years old. All sites (A10, A30, B10, B30, C10 and C30) had at least one side adjacent to the rural (agricultural) area, so that colonization from source habitats could not be seen as limited (Varet et al., 2011). All selected neighbourhoods were built with a "traditional design" (i.e., single houses with private gardens), and had similar population density (around 16 inhabitants/ha), percentage of impervious area (ranging from 27 to 33%) and total surface (between 10 and 14.5 hectares for the six neighbourhoods).

At each site, 20 randomly located sample points were set up (Arcview, GeoWizards) in public shrubby areas previously mapped by GIS. Two criteria, however, were applied to the location of sampling points; first, for security reasons, no traps were placed in sparsely vegetated hedgerows near playgrounds for children and second, the points had to be at least 10 metres apart so that the data were independent from one trap to another (Topping & Sunderland, 1992).We limited the sampling to hedgerows because they were dominant in the green spaces of new neighbourhoods. Hedgerows were planted at the creation of the neighborhood. Each sample point consisted of one pitfall trap (cylinder height: 100 mm, diameter: 85 mm) covered with a plastic roof. The pitfall traps were filled with about 75 ml of a preservation solution composed of 50% monopropylen glycol and 50% salt solution of 100 g/l (the best collecting fluid for spiders: Schmidt et al., 2006). The traps weremonitored every two weeks for eight weeks between mid April 2010 and mid June 2010. This sampling period corresponds to the period when 75% of the total number species present in urban hedgerows during one year are found (Varet, 2011).

Carabid beetles and spiders were preserved in 70% ethanol, identified and stored in the laboratory (Rennes, France). Adult carabid beetles were identified using Jeannel (1941-1942) and Trautner & Geigenmüller (1987), and adult spiders using Roberts (1987, 1995) and Heimer & Nentwig (1991). The nomenclature follows Lindroth (1992) for carabid beetles and Canard (2005) for spiders.

Catches in pitfall traps actually estimate the 'activity-trappability-density' of species (number of individuals dependant of trap duration and perimeter Sunderland et al., 1995), further abbreviated as 'activity-density'. The life history trait considered in this study is habitat preference. Carabid beetles and spiders were classified into two classes of habitat preference (see Hänggi et al., 1995 for spiders; Luff, 1998 and Bouget, 2004 for carabid beetles): generalist species and specialist species, e.g., species of wet habitats, forest species and open habitat species.

Statistical analysis

To detect differences in activity-density (per species, per life history trait and total) and species richness between ages (fixed factor) and towns (random factors), we used a generalised linear mixed model (GLMM). Poisson distribution was applied to data from individual traps because counts of activity-density are assumed to conform to such a distribution (Vincent & Haworth, 1983; O'Hara & Kotze, 2010). A first complete model was created (catches ~ age + town + age × town) and, when the interaction between the two discrete factors was not significant, a second model with only fixed factors (i.e., without interactions) was made (catches ~ age + town).

Data were analysed with R software (R Development Core Team, 2009), using the lmer() function of the lme4 package (e.g., Bates et al., 2012). The analyses on activity-densities were done species by species, only for the species with an activity-density higher than 1% of the total activity-density (i.e., non-rare species). Moreover, to analyse similarity in species composition, Bray-Curtis distances between individual traps were calculated using activity-density data transformed by double square-root to downweight the effects of dominant species as recommended by Legendre & Legendre (1983). Bray-Curtis distances were then subjected to hierarchical cluster analyses usingWard's method, and statistically analysed by some Analyses of Similarity (ANOSIM; dissimilarity ranks between classes by age and town factors; 999 permutations), on both carabid and spider catches.

Results

General description

In total, 643 individual carabid beetles belonging to 24 species were collected (see complete list in supplementary table S1). Individuals of *Nebria brevicollis* accounted for more than 80% and *Notiophilus quadripunctatus*, *Notiophilus biguttatus* and *Pterostichus madidus* accounted for more than 10% of the total catch. In total, 2101 individual spiders belonging to 89 species were collected (see complete list in supplementary table S2). Individuals of *Pardosa hortensis* accounted for more than 35% and *Pardosa prativaga*, *Alopecosa pulverulenta* and *Ozyptila praticola* accounted for more than 15% of the total catch. Beetle and spider assemblages were mainly composed of large individuals, generally considered having a low dispersal power. Moreover, these individuals were also predominantly generalist (more than 75% of individuals belonged to generalist species for both spiders and carabids).

Changes in species assemblages

The ascending hierarchical clustering of carabid beetle and spider communities (figs. 1 and 2) did not segregate assemblages according to neighbourhood age, or by site. Young and old sites were represented by similar percentages (around 50%) of individual traps, both within and between the three main clusters. However, one cluster contained more individual traps from site B for carabid beetles (more than 56% of traps from site B in the left cluster: fig. 1) and another regrouped slightly more young sites for spiders (68% of old sites in the left cluster: fig. 2). ANOSIMs confirmed these results, with traps significantly grouped by the town (carabids: $R = 0.13$, $P = 0.002$; spiders: $R = 0.03$, $P = 0.014$), but not by the age of construction (carabids: $R = 0.03$, $P = 0.053$; spiders: $R < 0.01$, $P = 0.214$).

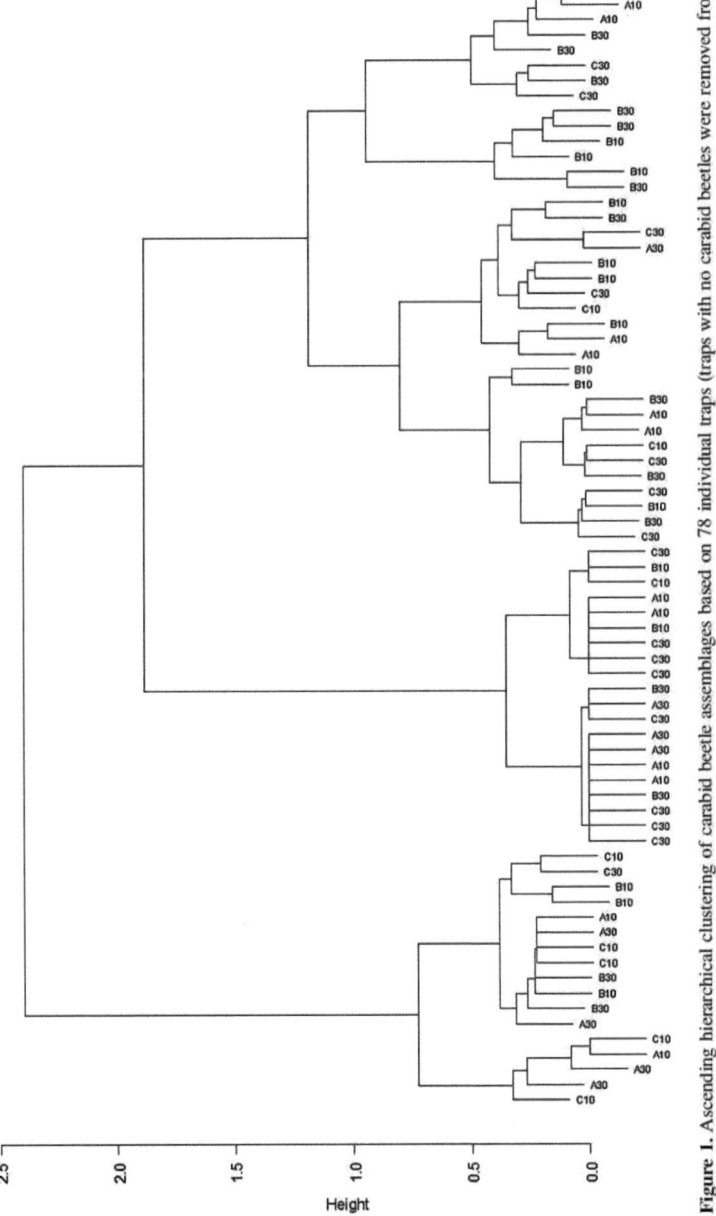

Figure 1. Ascending hierarchical clustering of carabid beetle assemblages based on 78 individual traps (traps with no carabid beetles were removed from the analysis). The cluster dendrogram was constructed using the Ward method based on distances calculated by the Bray-Curtis on square root double data activity-density. Sites are given by letters (A, B, C; see text for details) and age by numbers (10 vs. 30 years old).

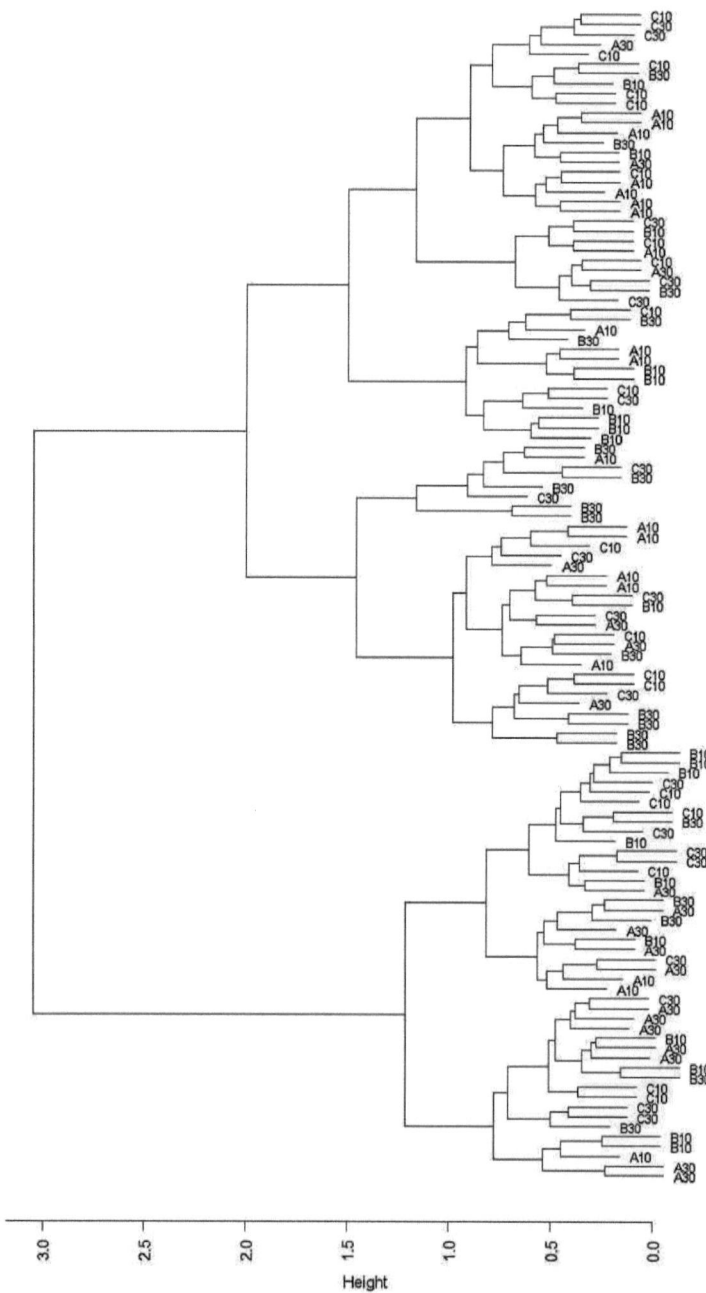

Figure 2. Ascending hierarchical clustering of spider assemblages based on 120 individual traps. The cluster dendrogram was constructed using the Ward method based on distances calculated by the Bray-Curtis on square root double data activity-density. Sites are given by letters (A, B, C; see text for details) and age by numbers (10 vs. 30 years old).

Change of abundance and richness species

Activity-densities of both spiders and carabid beetles, either total, per habitat preference and for most species, were independent of the age of the sites (tables 1 and 2), except for the spiders *Diplocephalus picinus*, *Pardosa pullata* and *P. saltans* which were more densely active in recently created neighbourhoods. Other species also reacted to the age of the sites, but with an interaction with the town studied (*Nebria brevicollis*: table 1; *Harpactea hombergi*: table 2). The species richness was also independent of site age (tables 1 and 2), for both carabid beetles and spiders.

Table 2.
Influence of town and age factors on species richness and activity-density (total, per non-rare species and per life history trait) in spiders (GLMM with quasi-Poisson error distribution). In case of significant interaction, effects of town and age factors are those from the full model.

	Town × age		Town		Age	
	Wald χ^2	P-value	Wald χ^2	P-value	Wald χ^2	P-value
Mean species richness	20.08	<0.001	1.26	0.532	0.91	0.339
Mean activity-density	79.71	<0.001	109.43	<0.001	9.38	<0.001
Mean activity-density per habitat preference						
generalists	30.21	<0.001	63.96	<0.001	0.01	0.91
specialists	56.03	<0.001	49.93	<0.001	21.42	<0.001
Mean activity-density per species						
Agroeca inopina	2.72	0.257	5.00	0.082	0.59	0.441
Alopecosa pulverulenta	21.49	<0.001	1.9	0.386	2.78	0.096
Clubiona terrestris	7.64	0.022	4.00	0.135	1.83	0.177
Diplocephalus picinus	<0.01	1.000	19.91	<0.001	10.47	0.001
Drassodes lapidosus	1.33	0.515	9.49	0.009	0.47	0.494
Dysdera erythrina	0.46	0.796	7.98	0.018	0.64	0.425
Harpactea hombergi	<0.01	0.009	4.45	0.108	6.78	0.009
Lepthyphantes tenuis	2.56	0.279	5.85	0.054	1.27	0.261
Microneta viaria	3.32	0.190	3.73	0.155	0.99	0.321
Neriene clathrata	2.53	0.282	0.41	0.815	0.12	0.732
Ozyptila praticola	26.54	<0.001	3.97	0.137	0.43	0.511
Pardosa hortensis	2.89	0.236	87.26	<0.001	3.66	0.056
Pardosa prativaga	<0.01	1.000	<0.01	1.000	0.32	0.571
Pardosa pullata	<0.01	0.999	6.22	0.045	6.66	0.009
Pardosa saltans	1.24	0.539	27.76	<0.001	24.29	<0.001
Pisaura mirabilis	1.01	0.603	9.13	0.01	1.37	0.241
Scotina celans	<0.01	1.000	<0.01	1.000	<0.01	0.999
Trochosa ruricola	0.61	0.737	8.11	0.017	2.04	0.153
Trochosa terricola	8.83	0.012	0.44	0.803	0.32	0.571
Zodarion italicum	2.75	0.253	0.35	0.839	2.33	0.127

Table 1.
Influence of town and age factors on species richness and activity-density (total, per non-rare species and per life history trait) on carabid beetles (GLMM with quasi-Poisson error distribution). In case of significant interaction, effects of town and age factors are those from the full model.

	Town × age		Town		Age	
	Wald χ^2	P-value	Wald χ^2	P-value	Wald χ^2	P-value
Mean species richness	7.00	0.030	8.92	0.012	0.37	0.542
Mean activity density	84.19	<0.001	150.37	<0.001	1.71	0.190
Mean activity-density per habitat preference						
generalists	86.25	<0.001	124.91	<0.001	1.81	0.179
specialists	0.34	0.846	23.12	<0.001	1.78	0.183
Mean activity-density per species						
Nebria brevicollis	87.41	<0.001	96.98	<0.001	6.97	0.008
Notiophilus biguttatus	0.20	0.903	5.31	0.070	1.11	0.292
Notiophilus quadripunctatus	5.82	0.055	1.69	0.430	2.7	0.100
Notiophilus rufipes	0.00	1.000	2.19	0.334	<0.01	0.996
Pterostichus madidus	0.00	1.000	2.12	0.347	0.01	0.920

Discussion

Contrary to our initial hypothesis, spider and carabid beetle assemblages did not change with time between 10 and 30 years. Species richness and most of the activity-densities did not significantly differ according to the age of the neighbourhoods, and the assemblage composition remained similar for the six studied sites. Two hypotheses could help explain these results.

The first is that 30 years might not be a long enough period to allow the colonization of urban green spaces from the adjacent countryside by habitat specialist species with a low dispersal power. The second hypothesis is that 10 years are sufficient to reach an optimal colonization of urban green spaces. We reject the first hypothesis because this period is ecologically long for the model groups used here, carabid beetles (see also Verschoor & Krebs, 1995) and spiders (Thomas et al.,1992; Buddle et al., 2003). As an example, Cristofoli&Mah (2010) have shown that spiders only need 15 years to recolonize a peat bog. Besides, the urban areas are adjacent to rural areas, so that the limiting effect of "habitat islands" is highly reduced (Clergeau et al., 2006); a relatively fast colonization of new environments – much inferior to 30 years – is consequently expected. Finally, the assemblages observed are mostly made up of opportunistic generalist species, mainly large individuals with rather low long-distance dispersal capacities. Thus, the first hypothesis can be dismissed in favour of the second one.

Despite the age difference between neighbourhoods, arthropod assemblages were all made up of mainly generalist species. This could be due to the general environment of the urban area. Urban green spaces (potential habitats) are often maintained by man (cutting, litter input, weeding, etc.) and are considered a regular source of disturbance, thereby limiting the colonization by habitat specialists. According to the source-sink model resulting from island theories (here habitat islands: Clergeau et al., 2006), there should still be an input of biodiversity from the rural environment to the urban environment (following the colonization movements that could be expected intuitively). In this study, assemblages (especially for carabids) are composed of relatively few individuals compared to those found in rural areas of the region (Brittany), and their species richness is rather low (24 species here, as compared with 53 species in Burel et al., 1998, despite the same regional species pool and the use of the same sampling technique, pitfall traps, and a comparable effort, 6720 traps/day here vs. 5376 in Burel et al., 1998). Moreover, urban carabid assemblages are dominated by *Nebria brevicollis*, a relatively scarce species in European rural areas (Niemelä et al., 2002; Saska, 2007).

Nevertheless, the urban environment is clearly colonized and many studies have even highlighted a certain degree of diversity in urban habitats (Croci et al., 2008; Niemelä, 2009). The landscape structure does not seem to be the only determining element for the colonization of urban environments. Habitat quality seems to be crucial too. Urban hedgerows are indeed very different from those in rural areas in terms of the nature, quality and habitat management. Urban hedgerows are often made up of exotic species (which is the case here, although with percentage cover inferior to 20%: Varet, 2011), and the tree and herbaceous strata are frequently low, and may not be suitable for the rural species, thus limiting their role as corridors. Conversely, urban habitats offer rather good quality habitats (Croci et al., 2008), and can thus be a refuge for grassland species (e.g. Carpaneto et al., 2005).

Finally, other results from the same study sites suggest that the "source-sink" model between rural and urban areas does not always seem to be effective

(Varet et al., 2011). Moreover, the urban area can be seen as being continually disrupted and the colonization of urban areas is assumed to be relatively rapid (i.e., less than 10 years), although incomplete.

Acknowledgments

We would like to thank Marie Trang and Aurore Bréan for their help in collecting individuals and identifying carabid beetles, and the following people for their help in identifying problematic spiders: Alain Canard, Robert Bosmans (genera *Lepthyphantes* and *Zodarion*) and Christophe Hervé (genus *Drassodes*). Our thanks to Boris Leroy for help with multivariate analyses. Sandrine Baudry, Simone Fattorini, Aldyth Nyss and three anonymous referees are acknowledged for useful comments on earlier drafts. This study was funded by Rennes Métropole.

Bibliography

See the general reference list.

5. Formes urbaines et biodiversité

5.1 Définitions

Un quartier peut-être défini par les proportions d'occupation au sol des différents types de recouvrement : le bâti, la voirie (routes et trottoirs) et les espaces verts. La proportion au sol de bâti est dénommée CES[4], cependant le volume de ces derniers sur le terrain peut être pris en considération avec le COS[5]. Enfin, le bâti est caractérisé par le 'type' d'habitations : collectif, semi-collectif, individuel. Tous ces critères conjoints participent à la détermination de la densité en logements du quartier (nombre d'habitation/ha). Pour terminer, les titres de propriété (privée, publique) sont des données également utiles aux différents partenaires publics pour déterminer leur pouvoir d'action sur les zones.

A partir de six quartiers, trois de forme urbaine conventionnelle (B, V1 et P1 ; code cf Table 2-1) et trois de nouvelles formes urbaines (J, R et C ; code cf Table 2-1), et de leurs caractéristiques (Audiar, 2000-2004), nous avons cherché à mettre en avant, par une analyse multivariée ACP (réalisée à l'aide de CANOCO ; Ter Braak et Šmilauer, 2002), les critères principaux qui différencient les deux formes urbaines considérées.

Les nouvelles formes urbaines, généralement construites dans le cadre de ZAC[6], sont définies par un CES et un COS plutôt élevé (respectivement 0.14 et 0.31) par rapport aux lotissements pavillonnaires (respectivement 0.12 et 0.22). Cette différence passe notamment par le fait que les nouvelles formes urbaines sont composées d'une forte proportion de logements

---

[4] CES : Coefficient d'emprise au sol, surface occupé par du bâtis par mètre carré de sol
[5] COS : coefficient d'occupation au sol, nombre de mètres cubes susceptibles d'être construits par mètre carré de sol
[6] ZAC : Zone d'Aménagement Concerté

collectifs par rapport aux lotissements pavillonnaires (68% vs 32%, respectivement), ce aux dépens des maisons individuelles (15% vs 64%). Ceci participe à l'augmentation de la densité en logements (31 lgt/ha vs 16 lgt/ha).

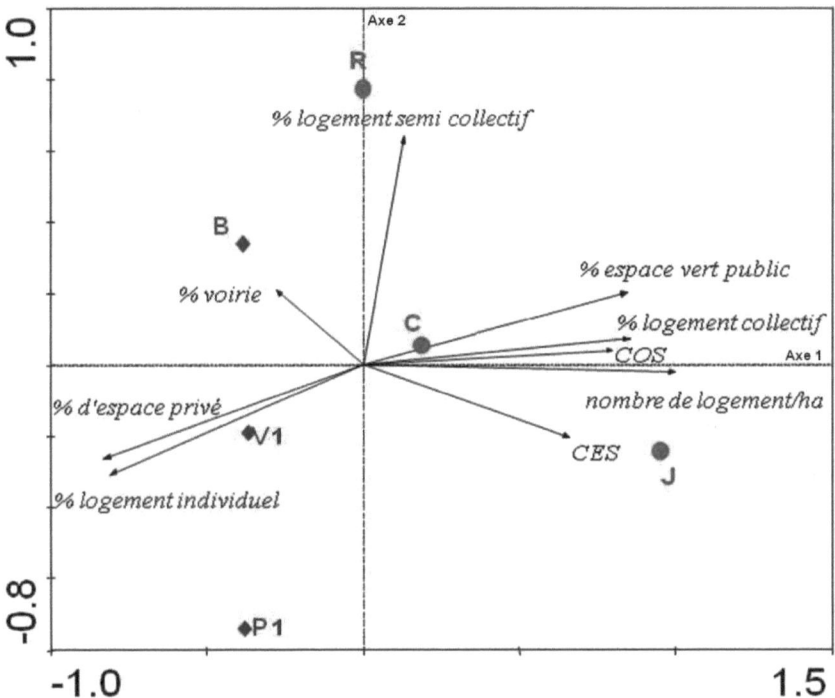

Figure 5-1 bis : Plan factoriel de l'ACP effectuée sur les descripteurs urbanistiques de chaque quartier (R, C, J, B, V1, P1 ; cf code tableau 2-1). L'axe 1 de l'ACP représente 97.8% de l'inertie et l'axe 2, 2.2%. Les quartiers en vert sont considérés comme ayant un aménagement de type nouvelle forme urbaine, alors que les quartiers en violet sont considérés comme ayant un aménagement de type lotissement pavillonnaire.

Cependant quelle que soit la forme urbaine, le pourcentage d'espace vert (50%) est identique mais est représenté par une plus large proportion d'espace public dans les nouvelles formes urbaines (78%) et d'espace privé dans les lotissements pavillonnaires (60%).

Ainsi, au niveau urbanistique, il semble relativement aisé de distinguer les deux formes urbaines. La densité en logements élevée, déterminée suivant le CES, le COS et l'importance des logements collectifs, est favorisée dans les nouvelles formes urbaines (Fig. 5-1 bis).

Dans la seconde partie de ce chapitre, nous cherchons à voir si la distinction entre les formes urbaines peut également être observée au niveau écologique (paysage et diversité faunistique).

5.2 Distinction écologique

Paysages, carabiques et araignées

Cette partie est présentée sous la forme d'un article parue dans la revue Urban Ecosyst (2014) 17:123–137

Résumé

Compte tenu de l'extension des zones urbaines, la compréhension du fonctionnement des écosystèmes urbains est importante. Elle permettrait de mieux planifier le développement futur des villes et de minimiser leur impact négatif sur l'environnement. En Europe, selon les nouvelles conceptions de la ville, de nouveaux types de quartiers résidentiels sont créés, les nouvelles formes urbaines. Elles favorisent une plus forte densité en logement, mais également une meilleure continuité des espaces verts publics, augmentant ainsi la connectivité pour la faune fragile. En opposition, les formes conventionnelles ont une plus faible densité en logement et une forte fragmentation de l'espace public due à une proportion de l'espace privé importante. L'objectif de la présente étude est de déterminer si et comment la forme urbaine a une incidence sur deux groupes d'arthropodes (carabiques et araignées) dans un seul type d'habitat (haies) à un moment donné.

Dans notre recherche, nous testons les hypothèses suivantes: 1) Les nouvelles formes urbaines, avec plus d'espaces verts publics et plus connectés, devraient accueillir plus d'espèces et d'individus. 2) Dans les nouvelles formes urbaines, avec plus d'espaces verts publics, en particulier des haies, les espèces forestières devraient être davantage présentes. 3) Les formes conventionnelles, étant plus fragmentées, devraient accueillir plus d'espèces à fort pouvoir disperseur (individus de petite taille).

Pour comparer les deux formes urbaines (nouvelles formes urbaines et forme conventionnelle), la diversité de 6 quartiers (trois de chaque catégorie) (Table 2-1) a été échantillonnée par piège d'interception.

Seuls le nombre de patchs verts et la longueur de haie différenciaient significativement le 'paysage' des deux formes urbaines. Les analyses factorielles des correspondances sur les activités-densités des carabiques et des araignées ne semblaient pas discriminer les formes urbaines. Les analyses par modèles linéaires généralisés révélaient cependant que 35% des espèces dominantes sont significativement dépendantes de la forme urbaine. Les plus petits individus (araignées) étaient significativement plus densément actifs dans les formes conventionnelles alors que les plus grands individus (carabiques) et les non forestiers étaient significativement plus densément actifs dans les nouvelles formes urbaines.

En accord avec nos hypothèses, l'activité-densité des grands individus (carabiques) est donc légèrement plus importante dans les nouvelles formes urbaines et les petits individus (araignées) y sont légèrement moins densément actifs que dans les formes urbaines conventionnelles. Ceci peut être relié à la densité en haies des quartiers qui influence la densité de corridor (pour les grands individus) ou d'obstacles (pour les petits individus). Parallèlement, le fait que les nouvelles formes urbaines ne favorisent pas les espèces forestières s'explique, d'une part, par la ressemblance des formes considérées d'un point de vue des indices paysagers, et d'autre part, par la ressemblance de qualité et de gestion des haies. De plus, contrairement à nos hypothèses, l'activité-densité de la majorité des espèces sensibles à la forme urbaine est plus forte dans les quartiers de conception traditionnelle. Ceci s'explique conjointement par le fait que ces espèces sont, pour la plupart, des espèces généralistes ou de milieu ouvert, et que les haies sont moins nombreuses dans les quartiers de forme conventionnelle.

En conclusion, on peut estimer que les deux formes urbaines ont une diversité spécifique comparable. Cependant, les nouvelles formes urbaines, grâce à leur haute densité en logement, réduisent l'empiètement du milieu urbain sur les terres agricoles et naturelles (plus riches en espèces), permettant ainsi un meilleur maintien de la biodiversité globale.

Can urban consolidation limit local biodiversity erosion?

Responses from carabid beetle and spider assemblages

in Western France

Marion Varet : Université de Rennes 1, UMR CNRS 6553, 263 Avenue du Général Leclerc, CS 74205, 35042 Rennes Cedex, France. / Rennes Métropole, Communauté d'agglomération rennaise, 4 Avenue Henri Fréville, CS 20723, 35207 Rennes Cedex, France. E-mail : marion.varet@sfr.fr

Françoise Burel : Université de Rennes 1, UMR CNRS 6553, 263 Avenue du Général Leclerc, CS 74205, 35042 Rennes Cedex, France.

Julien Pétillon : URU 420 – Université de Rennes 1, UMR 7204 – Muséum National d'Histoire Naturelle, 263 Avenue du Général Leclerc, CS 74205, 35042 Rennes Cedex, France.
e-mail: julien.petillon@univ-rennes1.fr

Abstract During the last decades, urban consolidation has been developed to minimize spatial expansion of cities, yet very few studies investigated whether it would actually reduce some negative effects of urbanization on biodiversity. In this study, we compared the invertebrate assemblages associated with two distinct urban forms (compact vs. Conventional), focusing on two arthropod taxa often used as bioindicators, and dominant in urban habitats: spiders and carabid beetles. The following parameters were estimated: assemblage composition, species richness, activity-density total, per species (excluding seldom-recorded species) and per size class. The field collection was performed in 2009 using pitfall traps randomly set in hedgerows within 6 sites (representing 251 traps). A total of 4,413 spiders belonging to 117 species and 2,077 adult carabid beetles belonging to 39 species were collected. We found few significant differences in carabid beetle and spider assemblages between the two urban forms. The species richness of both groups was independent from the neighborhood design. Only four species of carabid beetles and ten of spiders significantly reacted to the neighborhood design, and no difference was found among the two designs for all other species. Large carabid beetles were more abundant and small spiders less abundant in the new neighborhood design compared to the conventional one. For both carabid beetles and spiders, no difference in assemblage composition was found between neighborhood designs. We therefore conclude that urban consolidation, by permitting a higher human density with similar arthropod assemblages, could contribute to reduce biodiversity loss in cities.

<u>Keywords</u> City compaction . Araneae . Carabidae . Housing density . Arthropods

Introduction

The world's urban population has increased considerably in the recent decades, reaching around 50 % of the global population at present (United Nations Population Division 2012). This growth is accompanied by an increase in the urbanization of land (Weber 2003; Grimm et al. 2008), and frequently, negative effects on biodiversity (McKinney 2002). For plants, a lower α-diversity is usually found in urban habitats compared to that in rural environments (e.g. McKinney 2002). Arthropod species richness is also reported to decrease along rural to urban gradients (carabid beetles: Niemelä and Kotze 2009, Magura et al. 2010; carabid beetles and spiders: Varet et al.

2011; arthropods in general: Gibb and Hochuli 2002, Kotze et al. 2011), with possible risks of extinction predicted for several insect taxa (Fattorini 2011) and related changes in trophic structure (Christie et al. 2010).

Given the spread of urban areas, it is thus important to understand the functioning of urban ecosystems to plan the future development of cities and to minimize their negative environmental impacts (Magura et al. 2004). Cities exhibit a specific environment in which the conditions differ from those in natural habitats (Semenova, 2008), notably by the extent of impervious surfaces (Weller and Ganzhorn 2004). However, the conservation of nature in the city is increasingly important (Reduron 1996; Miller and Hobbs 2002; Jim and Chen 2008). Currently, the desire and demand for nature in the city by urban residents and society in general are clearly growing (Clergeau 2007). Thus, to meet these demands, new ways of thinking about the city and new urban forms are developed, mostly to minimize their spatial expansion (Jenks et al. 1996; Williams et al. 2000; Jenks and Dempsey 2005).

Urban consolidation, which aims at reducing the number of individual houses with gardens (Grose 2009) in favor of grouped (semi-detached) or collective housing (Tratalos et al. 2007), is developing fast (Searle 2011) due to several proved or supposed advantages like limited urban sprawl, a more efficient use of land, a more efficient use of services, some shorter travel distances, or a lower carbon footprint (Dodson 2010). Yet some disadvantages may occur (longer travel distances to nature, less green space within the city, stormwater/air quality issues, health issues, crowding), and among them, possible negative consequences on biodiversity (Gray et al. 2010). Very few studies have investigated the consequences of urban consolidation on biodiversity, despite obvious potential impacts (Tratalos et al. 2007). Green spaces, developed in order to promote outdoor recreational activities, social interactions (Grose 2009; Rogers and Sukolratanametee 2009) and environmental quality are used more and more by the public. Urban green spaces can potentially contribute to enhancing biodiversity in the city (Kühn et al. 2004; Jim and Chen 2008) including through the creation of microhabitat (Jim and Chen 2008). In addition, the continuity of all the green areas is taken into account with the growing concept of green urban corridors that are known to limit habitat fragmentation and to favor biodiversity conservation (e.g. Vergnes et al. 2012). As a consequence, new neighborhood designs should have higher housing density with a better continuity of public green space, thus promoting increased connectivity for biodiversity. Conversely, conventional neighborhood designs are likely characterized by a lower housing density, but with a strong fragmentation of public green space.

The aim of the present study is to investigate whether and how the type of urban form will affect two groups of arthropods (as a key component of biodiversity) in a single habitat type (hedgerows, as an important habitat for urban biodiversity: Lövei et al. 2006) at a given time. Spiders and carabid beetles were selected as model groups because they are known to react strongly to changes in microhabitat conditions and therefore are often used as bioindicators (Marc et al. 1999; Bell et al. 2001; Luff et al. 1992; Rainio and Niemelä 2003; Pearce and Venier 2006). They are also among the most diversified groups of ground-dwelling arthropods in urban habitats (e.g. Dias et al. 2006; Sattler et al. 2011; Vergnes et al. 2012). In this research we tested the following hypotheses more specifically. Hypothesis 1: The new neighborhood designs with more public green spaces and hedgerows should accommodate more species and individuals (total and by species).

Hypothesis 2: The conventional neighborhood designs with less dense and more fragmented public green spaces and hedgerows should accommodate more species with high dispersal ability (the mean size of species was used here as a broad, negative proxy of long-distance dispersal abilities: Southwood 1962; Magura et al. 2006; Desender et al. 2008; yet large species tend to cover longer distances when they actively disperse: Jenkins et al. 2007). The assumed differences in landscape parameters between the two designs were also tested for our six study sites.

Materials and methods

Study sites and sampling design

To compare new and conventional urban designs, six neighborhoods, three of each type, were selected within the conurbation of Rennes (Fig. 1). They are located in six cities: Brécé (N 48° 23', W 0° 48', coded A), Vezin-le-Coquet (N 48° 7', W 1° 45', coded B), Pacé (N 48° 8', W 1° 46', coded C) (A to C: conventional design), Chantepie (N 48° 5', W 1°37', coded D), Saint Jacques de la Lande (N 48° 3',W1° 43', coded E) and Le Rheu (N 48° 6',W1° 48', coded F) (D to F: new design). All neighborhoods were built during the same period of time (between 1997 and 2000) and were adjacent to rural areas (field or meadow, so the colonization from surrounding habitats is thus not seen as limited; Varet et al. 2011). Their area varied from 10 ha to 14.5 ha. All sites were mapped using ArcView by interpretation of orthophotographs (2006), cadastral data and ground-truthing. Mean house density was two times higher in the new neighborhood design compared to that in the conventional one (31 vs. 16 houses/ha, respectively).

Fig. 1 Location of the 6 neighborhoods (conurbation of Rennes, Brittany, France); sites A to C have conventional designs and sites D to F have new designs

Sample points were randomly selected (Arcview, GeoWizards) within public hedgerows, and spaced at least by 10 m so that the traps were considered independent (Topping and Sunderland 1992). Hedgerows were planted and designed at the creation of the neighborhood. Each sample point consisted of one pitfall trap (diameter at the surface: 85 mm) covered with a plastic roof. The pitfall traps were filled with a preservation solution composed of 50 % monopropylene glycol and 50 % aqueous salt solution of 100 g/l (best fluid for collecting ground-dwelling spiders; Schmidt et al. 2006). At each site, between 40 and 44 traps were set up and collected (some traps were stolen or damaged during the sampling period, which was taken into account by dividing the total catches of each trap by the effective collection, see below).

The pitfall traps were emptied every two weeks for eight weeks between mid-April 2009 and mid-June 2009. The temporal sampling effort was consequently limited to favor a larger spatial extent (e.g. Lövei and Magura 2011); other studies in the same area also showed that most carabid beetle and spider species were collected during the spring compared to an annual sampling (sampling in one site over 3 years and use of rarefaction methods in three sites; Varet 2011). Each site was characterized by the following landscape variables: length, number and mean length of public hedgerows, proportion of public green space, number and mean size of public green patches, shortest distance between two patches and index of contagion. One meter around each pitfall trap, the following parameters were measured: litter depth (from 1=thin to 3=thick), presence of grass, shrub and tree strata, origin of plant species (local and/or exotic).

Species identification and classification

Carabid beetles and spiders were preserved in 70 % ethanol and stored in the University collection (Rennes, France). Adult carabid beetles were identified using Jeannel (1941; 1942) and Trautner and Geigenmüller (1987), whereas adult spiders were identified using Roberts (1987; 1995) and Heimer and Nentwig (1991). Catches in pitfall traps were related to trapping duration and pitfall perimeter in order to calculate an 'activity trappability density' (number of individuals per day and per meter; Sunderland et al. 1995), further abbreviated as 'activity-density'. Carabid beetles and spiders were classified into size classes (using mainly Roberts 1987 for spiders and Bouget 2004 for carabid beetles). The size classes (in mm, respectively size1, size2, size3) were 0-3, 3-5, ≥5 for adult spiders and 0-5, 5-10, ≥10 for carabid beetles.

Statistical analysis

We performed multivariate analyses of activity-density of all species using the software CANOCO (ter Braak and Šmilauer 2002) in order to analyze the patterns of species composition in the 6 sites. The choice between linear (Principal Component Analysis: PCA) or unimodal (Correspondence Analysis: CA) analyses depended on the length values of the first axis gradient previously realized with DCA (Detrended Correspondence Analysis). To test for differences in activity-density (total, per species represented by more than 1 % of total catches and per size class) and species richness between the neighborhood designs, we used nested general linear model (GLM) with a quasi-Poisson distribution performed using data from the individual traps (Vincent and Haworth 1983; O'Hara and Kotze 2010). City was nested within neighborhood design. The resulting data were analyzed with R software (R Development Core Team 2009) using the glmmPQL package (e.g. Venables and Ripley, 2002).

Fig. 1 Location of the 6 neighborhoods (conurbation of Rennes, Brittany, France); sites A to C have conventional designs and sites D to F have new designs

Results

Description of the neighborhood designs

The analysis of the landscape structure of the 6 neighborhoods from the 2 designs revealed that the number of green patches and the length of public hedges were higher in the new neighborhood design and that the index of contagion was almost significantly higher in the new neighborhood design while the other parameters were not significantly different between the two urban designs (Table 1). All sites were characterized by hedgerows with a medium-depth litter, low percentages of herbaceous and tree strata, dense shrubs, and a dominance of local plant species compared to exotic species (Table 1).

Table 1 Landscape indexes for each neighborhood and comparison of means between the two urban designs (significance by Mann–Whitney tests indicated with bold font). Bold font indicates significant difference among urban designs. For information, the following local parameters are also provided: mean litter depth (see the scores in Material and Methods), occurrence of grass, shrub and tree strata and local and exotic species

	New design			Conventional design			U-value	p-value
	Site D	Site E	Site F	Site A	Site B	Site C		
Length of public edges (m)	281.6	335.5	252.9	138	221.1	95.5	U1=0 (U2=9)	**0.0495**
Number of public edges	6.4	9	9.1	3.6	9.1	1.5	U1=2.5 (U2=6.5)	0.3827
Mean length of public edges (m)	44.1	37.4	27.9	38.6	21.4	66	U1=4 (U2=5)	0.8273
The proportion of public green space	34.4	34.3	13.3	12.3	22.6	11.6	U1=1 (U2=8)	0.1266
Number of public green patches	4.3	3.9	5.1	2.4	3.6	2.7	U1=0 (U2=9)	**0.0495**
Mean size of public green patch (ha)	756	884	261	502	621	421	U1=3 (U2=6)	0.5127
The shortest distance between two patches (m)	5.3	4.2	6.3	8.1	4.4	9.9	U1=2 (U2=7)	0.2752
Index of contagion	35	36	38	35	32	34	U1=0.5 (U2=8.5)	0.0765
Mean litter depth	2.23	1.80	1.43	1.86	1.71	1.84		
Occurrence (%) of								
Herbaceous stratum	43.18	40.91	11.36	42.11	32.56	55.26		
Shrub stratum	100	100	100	100	100	100		
Tree stratum	25.00	15.90	0	0	25.58	23.68		
Native species	68.18	51.16	81.81	97.37	74.42	50.00		
Exotic species	40.91	60.47	34.09	44.74	39.53	63.16		

Description of the fauna

In total, 2,077 carabid specimens belonging to 39 species were collected. Individuals of Nebria brevicollis accounted for more than 50 % of the total catch. The number of species varied between the 6 neighborhoods (site A: 21, B: 21, C: 27, D: 17, E: 14, F: 20), as did the number of individuals (site A: 249, B: 130, C: 423, D: 283, E: 158, F: 834). In total, 4,413 spider specimens belonging to 117 species were collected. Individuals of Pardosa hortensis, Pardosa prativaga, Ozyptila praticola, Zodarion italicum, Dysdera erythrina and Trochosa ruricola accounted for more than 40 % of the total catch. The number of species and individuals were similar in all neighborhoods (between 55 and 73 species; site A: 55, B: 73, C: 70, D: 71, E: 67, F: 58; and between 616 and 891 individuals; site A: 714, B: 616, C: 891, D: 767, E: 742, F: 683).

Species assemblages vs. urban forms

Axis 1 of the CA on carabid beetle assemblages (Fig. 2) represented 10.3 % of inertia and Axis 2, 8 % of inertia. Axis 1 of the CA on spider assemblages (Fig. 3) represented 5.7 % of inertia and Axis 2, 5 % of inertia. The neighborhood design variable on axis 1 and 2 of Cas was very close to the origin for both groups, and neighborhood designs cannot be segregated by the global composition of assemblages, (Figs. 2 and 3).

Species activity-density and richness vs. urban forms The total activity-density of carabid beetles was significantly higher in the new neighborhood design while the total activity-density of spiders and the species richness of both groups were independent from the neighborhood design. Several species were significantly associated with the neighborhood design. The carabid beetles Harpalus rufipes and N. brevicollis and the spider D. erythrina were significantly more abundant in the new neighborhood design, while the carabid beetles Asaphidion stierlini and Pterostichus melanarius and the spiders Agoeca inopina, Alopecosa pulverulenta, Hahnia nava, Pachygnatha degeeri, Pardosa amentata, Pardosa saltans, Phrurolithus festivus, T. ruricola and Z. italicum were significantly more abundant in the conventional neighborhood design. Large carabid beetles (size class 3: Table 2) were more abundant and small spiders (size class 1: Table 3) less abundant in the new neighborhood design compared to the conventional one.

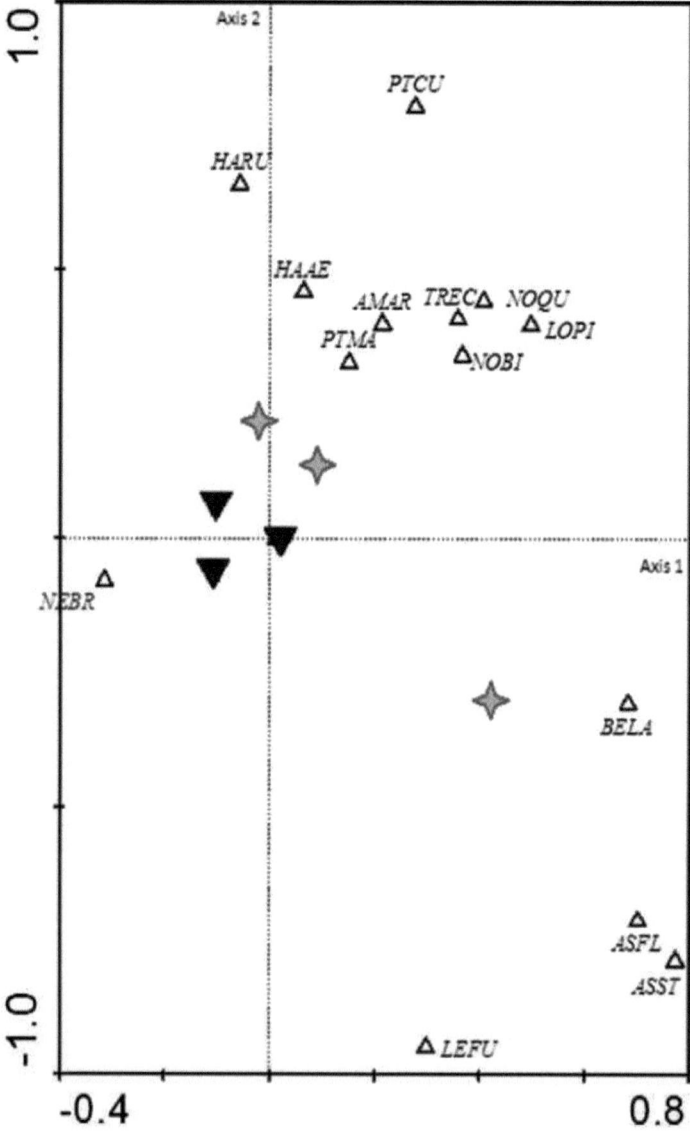

Fig. 2 Ordination diagram of the first two axes of Corresponding Analysis for 26 carabid beetle species and 251 samples. For projection, the species fit range is from 3 % to 100 %; 14 species are represented. The inverted triangle represents the new neighborhood design and the star represents the conventional neighborhood design. Species codes are given in Table 2 and: Haru = *Harpalus rubripes* (De Geer, 1774); Lefu = *Leistus fulvibarbis* (Dejean, 1826); Lopi = *Loricera pilicornis* (Fabricius, 1775); Trec = *Trechus* sp

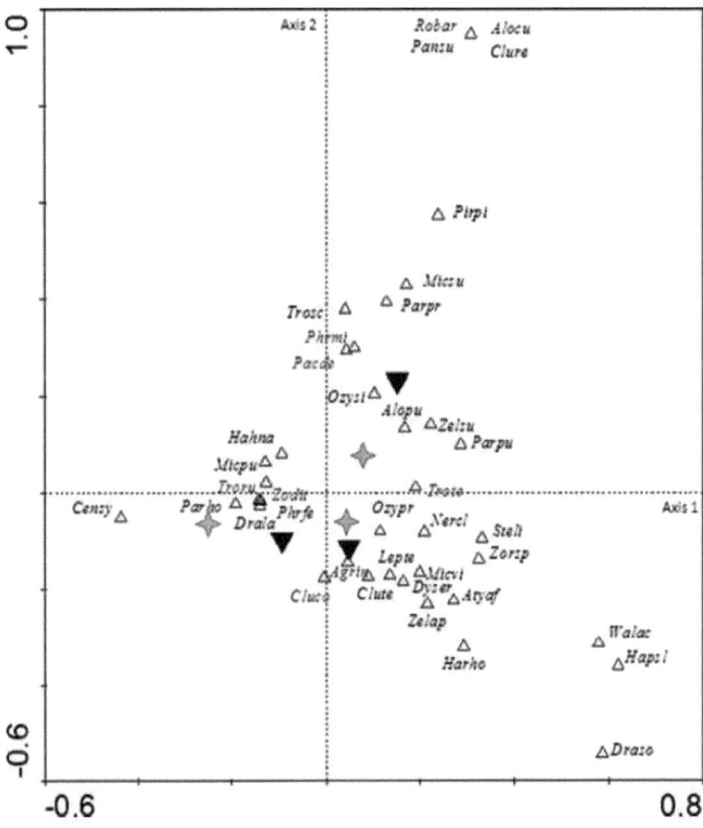

Fig. 3 Ordination diagram of the first two axes of Corresponding Analysis for 69 spider species and 251 samples. For projection, the species fit range is from 3 % to 100 %; 39 species are represented. The inverted triangle represents the new neighborhood design and the star represents the conventional neighborhood design. Species codes are given in Table 3 and: Alocu = *Alopecosa cuneata* (Clerck, 1757); Atyaf = *Atypus affinis* Eichwald, 1830; Censy = *Centromerus sylvaticus* (Blackwall, 1841); Clure = *Clubiona recluse* Pickard-Cambridge, 1863; Draso = *Drapetisca socialis* (Sundevall, 1833); Hapsl = *Haplodrassus silvestris* (Blackwall, 1833); Harho = *Harpactea hombergi* (Scopoli, 1763); Micpu = *Micaria pulicaria* (Sundevall, 1831); Micsu = *Micrargus subaequalis* (Westring, 1851); Ozysi = Ozyptila simplex (Cambridge, 1862); Pansu = *Panamomops sulcifrons* (Wider, 1834); Phrmi = *Phrurolithus minimus* Koch, 1839; Pirpi=*Pirata piraticus* (Clerck, 1757); Robar = *Robertus arundineti* (O. Pickard-Cambridge, 1871); Steli = *Stemonyphantes lineatus* (Linnaeus, 1758); Trosc = *Troxochrus scabriculus* (Westring, 1851); Trote = *Trochosa terricola* Thorell, 1856; Walac = *Walckenaeria acuminata* (Blackwall, 1833); Zelap = *Zelotes apricorum* (Koch, 1876); Zelsu = *Zelotes subterraneus* (Koch, 1833); Zorsp=*Zora spinimana* (Sundevall, 1833)

Discussion

From a strictly urbanistic point of view, the two urban forms are obviously distinct (type and density of housing, coverage ratio, floor area ratio; Chapuis et al. 2005), but from a landscape perspective, the distinction was less obvious in this study. In terms of composition, urban forms could be distinguished according to two parameters. The higher density and length of hedgerows and the higher number of public green space patches in the new urban design are in accordance with the goals aimed at the conception of these neighborhoods, and supported our hypotheses. Regarding landscape connectivity, both urban forms were not really different. Indeed, whatever the urban form, the neighborhood was split by dense public roads. This analysis at a landscape scale of the two urban forms was yet based on six sites only, and nevertheless there was a trend for the new, compact, urban form to offer a better connectivity between green habitats. The goals set by new urban form designers are thus not all reached here. Several, although not numerous, species had some population activity-densities dependent on urban form. Most of these species were more abundant in neighborhoods of conventional design. This can be explained by the fact that most of these species are generalist or open field species, like the carabids Asaphidion stierlini and Pterostichus melanarius (Luff 1998; Bouget 2004) and the spiders Agoeca inopina, Alopecosa pulverulenta, Pachygnatha degeeri, Pardosa amentata, Phrurolithus festivus, T. ruricola and Z. italicum (Hänggi et al. 1995; Harvey et al. 2002). Indeed, the conventional neighborhood has a lower density of public hedgerows and is consequently likely to host more species preferring open environments. Yet, two forest species, the spiders Hahnia nava and Pardosa saltans, were significantly more abundant in the conventional design than in compact neighborhoods, but they occurred at low numbers in both urban forms (although sufficient to be included in the individual species analysis). More generally, forest species were little represented in both urban forms and species richness of carabid beetles and spiders did not differ among the neighborhoods, contrary to our first hypothesis with the activity-density of forest species not higher in new urban forms. This can be partly due to the similarity of the urban forms when considering certain landscape indexes. Indeed, the diversity of assemblages is partly shaped by the landscape structure (e.g. Le Coeur et al. 2002; Schmidt et al. 2005; Schweiger et al. 2005; Hendrickx et al. 2007). But habitat quality (including frequency and intensity of disturbances) also determines the local presence of specialist or generalist species. The lack of an effect of urban forms on species richness, as well as the low occurrence of forest species, can then be also attributed to the similarity in quality and management of the hedgerows between the two urban forms. It should be emphasized that hedgerows in both new and conventional urban forms are managed by the same people, who apply their skills independently from the urban form itself (in the conurbation of Rennes; Le Rudulier 1994). Yet the management of green spaces made up of non-native species may re-create and maintain some diversified assemblages (e.g. For carabid beetles; Magura et al. 2000), intensive management is well-known to homogenize invertebrate faunas, and maintain species of young successional stages even in older neighborhood (comparisons between 14 and 30 year-old sites in the same study area; Varet et al. in press.). Confirming our second hypothesis, the total activity-density of large individuals (carabid beetles) was higher and small individuals (spiders) were lower in the new urban design than in the conventional urban designs with individual houses and gardens. Large individuals (carabid beetles), considered to have a lower dispersal capacity (den Boer 1977; Dajoz 2002), are more numerous in new urban designs. These designs include more hedgerows and seem to offer a better connectivity than conventional designs. New urban designs include more continuous suitable elements, favoring the dispersal of large carabid individuals (Burel 1989), as opposed to neighborhoods with more fragmented public green spaces and hedgerows due to individual houses. Small individuals (spiders), considered as having a higher dispersal capacity (size and mass limitation of long-distance dispersal in spiders; e.g. Coyle et al. 1985), were also more numerous in conventional neighborhoods. The lower number of hedgerows in these neighborhoods allows for a better dispersal of small spiders using ballooning as a main dispersal method (Dean and Sterling 1985), mostly by decreasing the number of barriers to (aerial) dispersers (Larrivée and Buddle 2009). Although obvious differences in some landscape parameters were highlighted, only slight, mostly non-significant differences were found in arthropod assemblages, despite the use of complementary biological models (e.g. Desender and Maelfait 1999; Pétillon et al. 2008). This can be explained by the fact that urban environments, whatever their design, are considered highly disturbed (Blair 1996; Ormerod 2003) and consequently host mostly species of young successional stages. This study also underlines the need to conduct traitbased analyses on top of classical species richness approach (see also Magura et al. 2008; Tóthmérész et al. 2011; Horváth et al. 2012). As an applied conclusion, urban consolidation, by permitting a higher housing density with similar arthropod assemblages, is likely to reduce biodiversity loss in cities.

Acknowledgements

We would like to thank Anne Treguier and Béatrice Sauzeau, Alain Canard, Robert Bosmans and Christophe Hervé for their help in identifying carabid beetles and problematic spiders, respectively. Sandrine Baudry, Aldyth Nys, two anonymous referees and the associated editor are acknowledged for their comments on earlier drafts. This study was funded by Rennes Métropole and the 'Ministère de l'Enseignement supérieur et de la Recherche' (grant 'CIFRE' to M.V.).

Bibliography
See the general reference list.

Modèles supplémentaires

D'autres modèles sont également couramment étudiés en milieu urbain, parmi eux les oiseaux (Blair, 1996 ; Croci et al., 2008b) et les papillons (Bergerot et al., 2011). En plus de leur rôle fonctionnel complémentaire aux carabiques et araignées (rôle pollinisateur, disperseur de graines), ils possèdent un fort capital sympathie. Ainsi, nous avons cherché à savoir si les formes urbaines avaient un effet sur ces deux modèles supplémentaires.

Matériels et Méthodes

Oiseaux

Afin de recenser les oiseaux qui exploitent les quartiers, c'est à dire s'y reproduisent et/ou s'y alimentent, nous avons utilisé la méthode des IPA (indices ponctuels d'abondances, Bibby et al., 2000) qui consiste en un recensement de tous les individus vus ou entendus durant une durée déterminée et à partir d'emplacements nommés points d'écoute. Selon Bibby et al. (2000) la distance maximale à laquelle un observateur peut identifier les oiseaux grâce à leur chant, est estimée à environ 250 m autour du point d'écoute. Toutefois, selon Croci (2007) cette distance est réduite à 150 m, afin de tenir compte du bruit induit par les activités anthropiques en ville. Nos quartiers faisant en moyenne 300 mètres de long, nous avons convenu qu'un unique point d'écoute central par quartier permettrait de recenser l'ensemble des oiseaux. Donc nous avons réalisé un IPA dans chacun des quartiers une fois par mois entre mars et juillet 2009[7]. Selon le même protocole que Croci (2007) nous avons fixé la durée des IPA à 20 minutes et les avons systématiquement réalisés entre 7h30 et 10h30 en semaine. Trois sites étaient visités en une matinée, amenant ainsi à deux jours la durée nécessaire au recensement des oiseaux dans chacun des sites. A chaque session de recensement, l'ordre de visite dans chaque site était déterminé de façon aléatoire. A chaque relevé, nous avons noté les espèces présentes (selon la nomenclature de Dubois et al., 2001) et leur abondance relative ('relative' car nous n'avons pas tenu compte du fait que certaines espèces sont plus cryptiques que d'autres).

Papillons Rhopalocères

Le protocole est inspiré en grande partie des protocoles de suivi des papillons couramment employés et acceptés (Pollard & Yates, 1993; Van Swaay et al., 1997 ; programme STERF) : à l'intérieur de chaque site, l'observateur définit librement 5 à 10 petits transects d'une longueur telle qu'il faille environ 10 (± 1) minutes pour compter les papillons présents lors du pic d'abondance (soit en général au début ou en milieu d'été). La longueur de chaque transect se situe généralement entre 100 et 250 m. Ils doivent être dans des habitats aussi homogènes que possible. Cependant, le type de terrain ne permettant pas d'effectuer des transects de 10 mn en milieu homogène, nous avons fait le choix de réaliser des parcours (environ 2 km) couvrant l'ensemble des quartiers (Fig. 5-4). Ainsi, nous avons réalisé, par

---

[7] Merci à Juliet Abadi pour son aide précieuse dans la réalisation des IPA

quartier, les recensements 1 fois par mois (entre mai 2009 et juillet 2009) durant 2 heures.

A chaque session de recensement, l'ordre de visite dans chaque site a été déterminé de façon aléatoire. L'observateur se considère comme étant à la limite postérieure d'une boîte virtuelle de 5 m de côté avançant avec lui, dans le but de standardiser la distance à laquelle les papillons seront comptés (Fig. 5-5). La localisation et l'espèce sont notées. Les comptages sont réalisés entre 10 et 16 heures et les conditions météorologiques sont prises en compte afin d'effectuer le recensement dans les conditions les plus favorables [(1) présence d'une couverture nuageuse d'au maximum 75 % et sans pluie ; (2) vent inférieur à 30 km/h (inférieur à 5 sur l'échelle de Beaufort ; (3) température d'au moins 13°C si le temps est ensoleillé ou faiblement nuageux (soleil ou quelques nuages) ou d'au moins 17°C si le temps est nuageux (10 à 50% de couverture)]. Trois sites étaient visités en une matinée, amenant ainsi à deux jours la durée nécessaire au recensement des papillons dans chacun des sites. A chaque session de recensement, l'ordre de visite dans chaque site était déterminé de façon aléatoire.

Figure 5-12 : Exemple de transect parcourant le quartier du Rheu pour l'échantillonnage des papillons

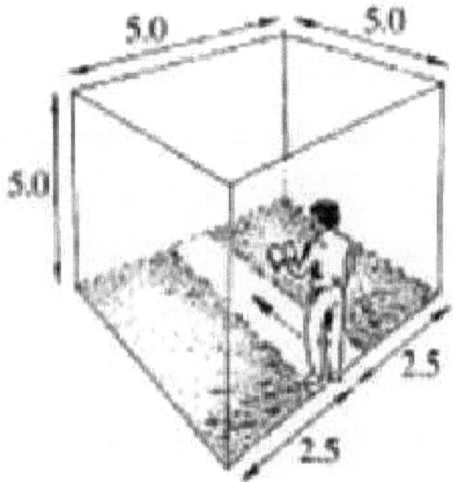

Figure 5-13 : Représentation schématique des limites dans lesquelles le comptage des papillons est pris en compte lors des transects (Sterf).

Sites

Les échantillonnages ont été réalisés dans six quartiers, trois de forme urbaine conventionnelle (B, V1 et P1 ; code cf Table 2-1) et trois de nouvelles formes urbaines (J, R et C ; code cf Table 2-1). Les sites sont caractérisés par des indices paysagers (Table 5-2) et des caractéristiques de composition (Table 5-4).

Tableau 5-6 : Eléments présents dans les quartiers et origine des essences végétales (% de haies publiques composées exclusivement d'essences locales parmi les haies tirées aléatoirement pour réaliser les échantillonnages)

	Nouvelles formes urbaines			Formes urbaines conventionnelles		
	C	J	R	B	V1	P1
Présence de point d'eau	Oui	Oui	Non	Oui	Oui	Non
Présence d'arbres majestueux composant anciennement une haie 'bocagère'	Oui	Non	Non	Non	Oui	Oui
% haie avec des essences locales	31.8	47.7	18.2	2.6	25.6	50

Analyses statistique

Une comparaison de moyenne (Mann Withney) sur les données 'abondance' et richesse spécifique observées dans chaque quartier a été effectuée afin de mettre en évidence l'effet des formes urbaines. De plus, des analyses multivariées ont été réalisées pour analyser la composition des assemblages des six stations et des deux formes urbaines.

Résultats

La forme urbaine, lotissement pavillonnaire ou nouvelle forme, n'a pas d'effet significatif sur le nombre d'individus et d'espèces d'oiseaux ($U1=4$; $U2=54$; $z=-0.218$; $p=0.8278$ / $U1=3$; $U2=6$; $z=-0.696$; $p=0.487$) ainsi que sur le nombre d'espèces de papillons ($U1=3.5$; $U2=5.5$; $z=-0.471$; $p=0.637$). Toutefois le nombre d'individus de papillons est significativement plus élevé dans les quartiers type nouvelle forme urbaine (=93.3 ± 6.98) que dans les lotissements pavillonnaires (=68.67 ± 6.64) ($U1=0$; $U2=9$; $z=-1.964$; $p=0.049$).

L'axe 1 de l'ACP réalisé sur les données abondance relative d'oiseaux représente 31% d'inertie et l'axe 2, 26.3% (Fig. 5-6 a). L'axe 1 de l'ACP réalisé sur les données abondance relative de papillons représente 33.1% d'inertie et l'axe 2, 27.4% (Fig. 5-6 b). Les analyses semblent montrer surtout un fort effet quartier. En effet, les espèces oiseaux associées au site C, tourterelle turque (*Streptopelia decaocto*), pigeon ramier (*Columba palumbus*) et pinson des arbres (*Fringilla coelebs*) indiquent plutôt la présence d'arbres de grande taille, les canards (*Anas platyrhynchos*) et poules d'eau (*Gallinula chloropus*) indiquent la présence de pièces d'eau. Le groupe des martinets (*Apus apus*) et deux espèces d'hirondelles (*Delichon urbicum*, *Hirundo rustica*) (V1) peut indiquer la présence de sites de nidification favorables (sous toits). De même, les deux mésanges (*Parus caeruleus*, *Parus major*) et le moineau (*Passer domesticus*) (P1/R) peuvent indiquer la présence de nichoirs ou de cavités dans les arbres creux[8]. Les assemblages de papillons sont également fortement dépendants d'un effet quartier ; cependant, l'axe 1 semble tout de même être dépendant des indices de spécialisation alimentaire. En effet, les espèces associées à la partie positive de l'axe 1 possèdent un indice de spécialisation plutôt élevé (cas de *M. jurtina* et *C. pamphilus* surtout) (Bergerot et al, 2010), qui indique que ces espèces se nourrissent surtout sur des essences végétales natives, à l'inverse des autres espèces (cas de *V. atalanta*, *V. cardui*, *I. podalirius*) (partie négative de l'axe 1) qui sont capables de s'alimenter sur des plantes exotiques (ornementales).

---

[8] Merci Sébastien Dugravot pour ton aide sur l'écologie des oiseaux et dans « l'interprétation » de l'analyse multivariée.

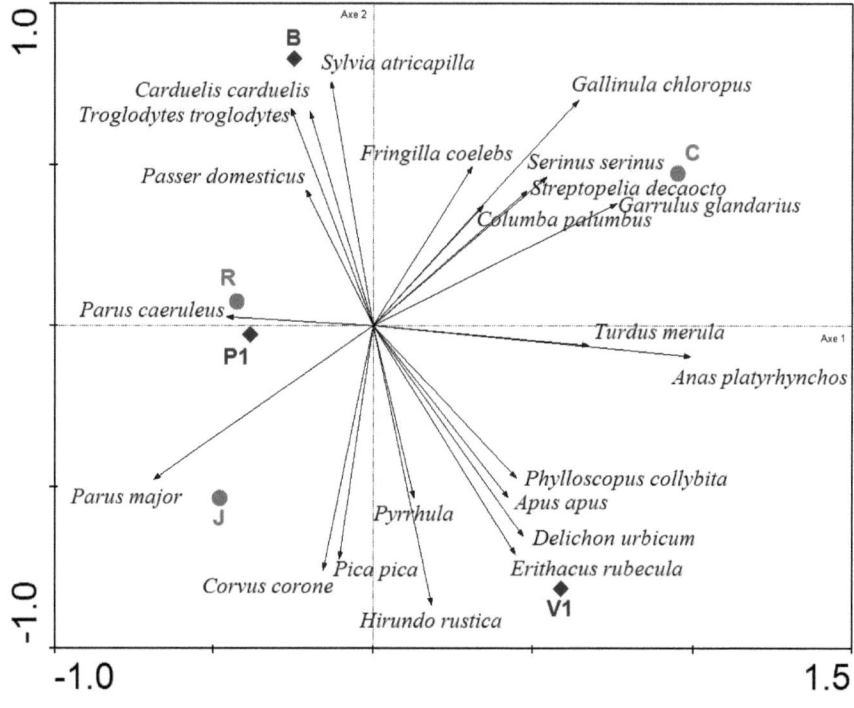

a)

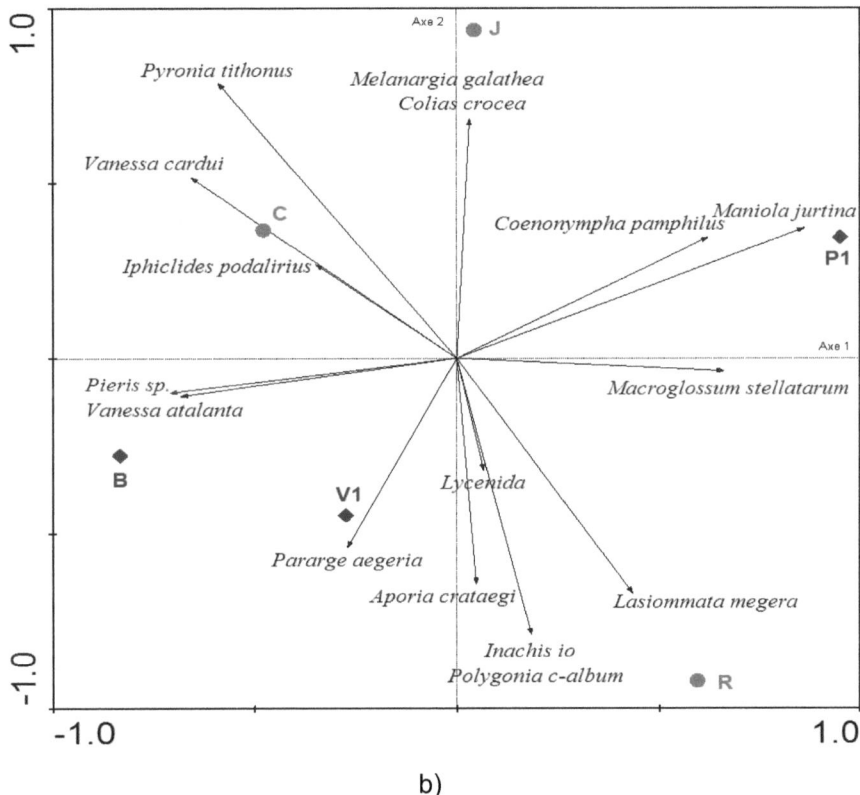

b)

Figure 5-14 : Plan factoriel des ACP effectués sur les abondances en espèces d'oiseaux (pour la projection, l'ajustement de la gamme des espèces est comprise entre 15-100%) (a) et de papillons (b) de chaque quartier de type lotissement pavillonnaire (Violet) (B, V1, P1 ; cf code annexe) et de type nouvelle forme urbaine (Vert) (C, J, R ; cf code Annexes 3 et 4).

Discussion

Il semble que la forme urbaine des quartiers ait peu d'influence sur la diversité des papillons et des oiseaux observée dans les quartiers. Les espèces rencontrées sont semblables entre les quartiers. La forme urbaine ne semble pas favoriser une espèce plus qu'une autre. Ceci peut être expliqué par une quantité d'espaces verts globale semblable entre les quartiers et par des différences de paysage entre les formes urbaines fines. En effet, les papillons sont sensibles à la quantité d'espaces verts, notamment en ville (Guiliano et al., 2004). La présence d'essences exotiques et ornementales dans ces espaces, pouvant influencer les espèces de papillons présents, n'est pas à priori dépendante des formes urbaines. En effet, cela dépend des choix des paysagistes associés au programme et des choix des particuliers. Les oiseaux, du fait de leur capacité de déplacement élevé, sont plus sensibles aux conditions locales que paysagères (Croci et al. 2008). Or, les essences végétales utilisées et plantées ainsi que la présence ou non de point d'eau ne dépendent pas de la forme urbaine. Ainsi, la composition de l'aviflore d'un quartier est indépendante de la forme urbaine mais doit être en lien direct avec les caractéristiques locales particulières du quartier : point d'eau, arbres bocagers, ...

Les papillons sont, de manière générale, plus abondants dans les nouvelles formes urbaines que dans les formes urbaines conventionnelles. En milieu urbain, l'abondance en papillons est également fréquemment associée au nombre de plantes nectarifères (Guiliano et al., 2004). Les piégeages ont été réalisés en zone publique ; or les nouvelles formes urbaines possédant une plus grande proportion d'espaces verts publics par rapport aux formes urbaines conventionnelles, elles présentent potentiellement plus de plantes nectarifères. L'abondance plus faible dans les lotissements pavillonnaires peut s'expliquer par la non-prise en compte dans notre étude des jardins privés. En effet, ils sont majoritaires dans les formes urbaines conventionnelles et sont potentiellement les zones les plus denses en plantes nectarifères.

Ainsi, notre étude semble mettre en évidence que les espèces rencontrées, qu'il s'agisse des oiseaux ou des papillons, ne sont pas déterminées par le type de forme urbaine. En effet, les distinctions du paysage sont minimes et ne semblent pas être perçues par nos modèles biologiques. Ainsi, l'augmentation de la 'densité humaine' dans les quartiers résidentiels ne semble pas affecter les assemblages faunistiques.

6. Effet des facteurs environnementaux à différentes échelles sur la biodiversité

Ce chapitre est présenté sous la forme d'un article à soumettre

Résumé

L'urbanisation des terres induit des impacts négatifs sur le milieu, tels que des changements paysagers et des modifications par création ou entretien des habitats et micro-habitats. Comprendre le rôle et l'importance des différentes échelles permet de comprendre les mécanismes structurant les assemblages. Or les araignées et les carabiques sont connus pour leur sensibilité aux changements des conditions de micro-habitat mais également paysagères. Ainsi dans cet article, nous étudions la diversité de ces deux modèles d'arthropodes dans des quartiers urbains en fonction de facteurs environnementaux à différentes échelles spatiales (paysagère, locale). L'importance relative entre les variables locales paysagères dépendrait du modèle biologique et de ses capacités de dispersion. Ainsi, les araignées devraient être moins sensibles aux conditions paysagères que les carabiques qui présentent une plus faible capacité de dispersion (hypothèse 1). De plus, au niveau des variables locales, les espèces forestières devraient être plus sensibles aux variables de conception des haies car elles caractérisent la 'nature' des haies (hypothèse 2). Enfin, les individus faibles disperseurs (grands individus) doivent être plus sensibles à la variable locale 'd'entretien', car ils peuvent réagir plus lentement (hypothèse 3).

Pour cette étude, six sites (quartiers) (Table 2-1) avec environ 40 points d'échantillonnage par site ont été sélectionnés. Chaque point était caractérisé par des variables paysagères, locales de mise en place des haies, locales d'entretien des haies et des conditions du sol (température/humidité) ainsi que par les assemblages faunistiques échantillonnés par piège d'interception.

La partition de variance, basée sur des analyses canoniques des correspondances, révélait que 4.24 % de la variabilité des assemblages de carabiques était expliquée par les variables paysagères Les modèles linéaires généralisés (GLM) révélaient plus précisément que les assemblages de carabiques (richesse spécifique, activité-densité totale, des forestières, en fonction des tailles) étaient particulièrement sensibles (négativement) à la densité en haies dans les sites ainsi qu'à l'indice de contagion (positivement). Concernant les assemblages d'araignées, les partitions de variance révélaient que 4.51 % de variabilité des assemblages étaient expliqués par les variables paysagères, 3.02 % significativement par les variables locales de mise en place. Les GLM révélaient plus précisément que ces assemblages sont particulièrement sensibles à l'origine des essences végétales et à la température du sol.

En accord avec notre première hypothèse, les partitions de variance montrent que contrairement aux carabiques, les araignées sont significativement influencées par les variables locales. Cependant le pourcentage de variance des assemblages expliqués par les variables paysagères est semblable entre les carabiques et les araignées. Toutefois, l'activité-densité et la richesse spécifique des carabiques sont plus sensibles à l'effet particulier des variables paysagères que les araignées. Comme selon notre hypothèse 2, les espèces forestières (carabique et araignée) sont sensibles aux variables locales de conception de la haie et plus particulièrement à l'origine des espèces végétales composant la haie. En effet, contrairement aux haies 'exotiques', les haies 'locales' ont évolué en même temps que la faune du milieu et répondent ainsi mieux aux besoins de la faune, en termes de nourriture et d'habitat. L'effet négatif de la densité de haies sur l'abondance des carabiques forestiers résulte surement d'un effet dillution. Enfin, contrairement à notre hypothèse 3, les variables d'entretien ne semblent pas 'sélectionner' les individus selon la taille. Ces variables peuvent être considérées comme des perturbations récurrentes et leur fréquence n'est peut-être pas assez élevée pour avoir une influence différenciée selon les capacités de dispersion.

En conclusion, bien que le milieu urbain soit un milieu relativement pauvre, les choix d'aménagement (à l'échelle du paysage et à l'echelle locale) et d'entretien des espaces verts des quartiers résidentiels peuvent 'influencer' la diversité rencontrée.

Influence of environmental factors at different scales on spiders and carabid beetles in urban hedgerows

Marion Varet : Université de Rennes 1, UMR CNRS 6553, 263 Avenue du Général Leclerc, CS 74205, 35042 Rennes Cedex, France. / Rennes Métropole, Communauté d'agglomération rennaise, 4 Avenue Henri Fréville, CS 20723, 35207 Rennes Cedex, France. E-mail : marion.varet@sfr.fr

Julien Pétillon : URU 420 – Université de Rennes 1, UMR 7204 – Muséum National d'Histoire Naturelle, 263 Avenue du Général Leclerc, CS 74205, 35042 Rennes Cedex, France.

Françoise Burel : Université de Rennes 1, UMR CNRS 6553, 263 Avenue du Général Leclerc, CS 74205, 35042 Rennes Cedex, France.

Abstract: The urbanization process induces changes in landscape structure and the creation of new elements within green spaces, finally offering new micro-habitats to the surrounding fauna. To understand the mechanisms structuring biological communities, one has to disentangle the effects of factors operating at two scales: the landscape scale and the local scale. Arthropod fauna is known to react strongly to changes in micro-habitat conditions and landscape structure. In this article we investigate patterns of diversity (assemblage composition, species richness, activity-density total and per life history trait) in neighbourhoods, in relation with environmental factors at different scales (landscape and local) for both spiders and carabid beetles. Field collection was performed in 2009 using pitfall traps randomly set in hedgerows. In total, there were 251 traps distributed in 6 neighbourhoods (built during the same period of time and with the same planning constraints). 2077 adult carabid beetles belonging to 39 species and

4412 spiders belonging to 117 species were collected. We found that ground beetles are sensitive to landscape scale factors while spiders react to local scale factors such as the plantation design of hedgerows.

Keywords: urban habitats, Aranea, Coleoptera Carabidae, bio-indicators, scale

Introduction

Urbanization is drastically increasing (Douglas, 1992; Fenger, 1999; Weber, 2003) and it impacts biodiversity negatively (e.g. Weller & Ganzhorn, 2004). To plan the future development of cities and to minimize their negative impacts on the environment, it is important to understand the functioning of urban ecosystems (Magura et al., 2004; Vilisics et al., 2007). Cities induce a change in landscape structure (McKinney, 2002; Savard et al., 2000) and exhibit a specific environment in which the conditions differ from those of semi-natural habitats (Semenova, 2008), mainly due to the extent of waterproof areas (Weller & Ganzhorn, 2004) and to the characteristics of urban green spaces, which make a strong contribution to the city's biodiversity (Kuhn et al., 2004; Jim & Chen, 2008). In recent years, in Europe, the 'Greenspace Differentiated Management and Design', i.e. a differential management and the application of a design based on the role of green spaces, has been increasingly implemented (Le Rudulier, 1994; Schmidt, 1994). For example, in urban green spaces lawns are usually mowed once every 3 weeks and trees are pruned every year, while in the parks with a differenciated management the grass is mowed once a year and the trees pruned every 6-8 years (Direction des Jardins-ville de Rennes, 2008).The aims of 'Greenspace Differentiated Management and Design' is to reduce the systematic use of pesticides in all green spaces and possibly improve biodiversity in green spaces (Young R.F., 2010; Lopez-Mosquera & Sanchez, 2011). These actions notably induce the creation and the modification of micro-habitat conditions in urban areas (Gilbert, 1989; Jim & Chen, 2008). Indeed, the design choices (such as the establishment of cover, the type of plant species, ...) and the type of maintenance (such as the provision of litter or not, the type of clipping, ...) can change, permanently or temporarily, the micro-habitat conditions (Jim & Chen, 2008). Spiders (Marc et al., 1999) and carabid beetles (Rainio & Niemelä, 2003) are known to react strongly to changes in micro-habitat conditions and are consequently often used as indicator groups of the effects of anthropogenic habitat changes in continental ecosystems (e.g. Pétillon et al., 2008). Such groups are qualified and used as ecological indicators (McGeoch, 1998) and bioindicators ((Marc et al., 1999; Bell et al., 2001; Luff et al., 1992; Rainio & Niemelä, 2003; Pearce & Venier, 2006). However, these groups, notably carabid beetles, are also known to react to changes in landscape structure (Burel et al., 1998). Understanding the role of different scales can contribute to revealing the mechanisms relaying the structure and dynamics of arthropod assemblages (Allen & Star, 1982; O'Neill, 1989; Auger et al., 1992 ;). At the landscape scale, landscape structure may influence dispersal depending on the permeability of the different elements and their spatial layout. At the local scale, habitat quality provides resources for species. (Allen & Start, 1982). Urbanization has an impact at these two scales (landscape and local) and it is interesting to distinguish the effects of each scale to better be able to act on urban biodiversity.

In this study, we analyze patterns of diversity in hedgerows in relation with environmental factors operating at these two scales (i.e. landscape and local) for both spiders and carabid beetles. According to Croci et al. (2008) the relative importance of local variables in comparison to the landscape variable depends on the target taxa. Species with a high power of dispersal are more sensitive to local conditions while species less mobile react to landscape structure. Thus, spiders should be less sensitive to landscape conditions than carabid beetles, which have a lower capacity of dispersal (Hypothesis 1). Variables linked to the original design of hedgerows are important to define habitat quality (vegetation density) and should be correlated to the presence of forest species (Hypothesis 2). Furthermore, individuals which are poor dispersers (large individuals) should be sensitive to local variations in maintenance because they can respond more slowly (Hypothesis 3).

Materials and methods

Study sites and sampling design

Six neighbourhoods have been selected within the conurbation of Rennes. They are located in 6 municipalities: Brécé (N 48° 23', W 0° 48') (A), Vezin-le-Coquet(N 48° 7', W 1° 45') (B), Pacé (N 48° 8', W 1° 46') (C), Chantepie (N 48° 5', W 1°37') (D), Saint Jacques de la Lande (N 48° 3', W 1° 43') (E), Le Rheu (N 48° 6', W 1° 48') (F). All sites have been built during the same period of time (delivery between 1997 and 2000), and are adjacent to rural areas. They were mapped using Arcview, by interpretation of orthophoto (2006), cadastral data and field checking. The area of green spaces (public and private combined) was similar in all sites (about 50%).

Each site was characterized by landscape variables measured using digitized maps and GIS and Fragstat (McGarigal et al., 2002): length of public hedgerows per ha, number and mean length of public hedgerows, area of public green space per ha, number and mean size of public green patches, shortest distance between two patches, index of contagion.

Each sample point was characterized by its belonging to a site and by local variables. The first category was linked to variables in the hedgerow's original design such as the origin and the 'number' of species planted, the presence (or absence) of ground cover sheet and The position in relation to nature in the adjacent area. These variables were largely dependent on design choices such as location, nature of the hedgerow, modalities of setting-up (details in Table 6-1). The second category included variables were largely dependent on choices of maintenance such as type of clipping, the conservation or non of herbaceous state, provision of litter or not, what kind, how much (details in Table 6-1). In this latter category we included some environmental variables influenced by the 'density' of the vegetation (i.e. soil temperature and moisture). Moisture was measured at each trap during the summer of 2009 using a W.E.T. sensor, 5 cm deep, connected to a moisture meter HH2, both by Delta-T Devices Ltd., Cambridge, UK.

Sample points were randomly selected, (Arcview, Geo Wizards) within the public shrubby areas (hedgerows or shrub patches). These elements are known to play an important ecological role for wildlife (Marshall et al., 2001) and are the dominant features in urban green space. The points had to be spaced by at least 10 meters so that the data would be independent from one trap to another (Topping & Sunderland, 1992). Each sample point consisted of one pitfall trap (diameter at the surface: 85mm) covered with a plastic roof. The pitfall traps were filled with preservation solution composed of 50% monopropylen glycol 50% and 50% salt solution of 100g/l (best fluid for collecting ground-dwelling spiders: Schmidt et al. 2006). At each site, between 40 and 44 traps were set up and collected. The pitfall traps were emptied every two weeks for eight weeks between mid April 2009 and mid June 2009.

Carabid beetles and spiders were preserved in 70% ethanol and stored in the University collection (Rennes, France). Adult carabid beetles were identified using Jeannel (1941, 1942) and Trautner & Geigenmüller (1987), whereas adult spiders were identified using Roberts (1987, 1995) and Heimer & Nentwig (1991). The nomenclature follows Lindroth (1992) for carabid beetles and Canard (2005) for spiders.

Tableau 6-7 : Details and modalities of local variables.

variables of hedgerow original design		variables of recurrent maintenance		other environmental variables
variables	modalities	variables	modalities	
nature of the adjacent area		herbaceous		temperature of soil (°C)
	permeable waterproof		presence abscence	moisture of soil (%)
origine of species planted		type of clipping		
	local alien		in square light	
diversity of species planted			Very short	
	mono specific pluri-specific	nature of litter		
ground cover sheet			pine chips vegetable crush natural	
	presence absence	depth of litter		
			0-1 cm 1-3 cm >3 cm	

Catches in pitfall traps were put in relation with trapping duration and pitfall perimeter (e.g. some traps were stolen or damaged at certain dates), in order to calculate an 'activity trappability density' (number of individuals per day and per meter: Sunderland et al. 1995), further abbreviated as 'activity-density'.

In order to analyze changes in arthropod assemblages, we studied species richness and total activity-density, and the composition of assemblages (based on species activity-density). Life history traits considered in this study were habitat preference and body size. Carabid beetles and spiders were classified into four classes of habitat preference using Hänggi et al. (1995), Harvey et al. (2002), Luff (1998) and Bouget (2004), respectively: forest species, other (e.g. species of wet habitats), open habitat and generalist species. Carabid beetles and spiders were classified into classes of size (see Roberts, 1987 for spiders and Bouget, 2004 for carabid beetles). Large individuals of carabid beetles are mostly apterous while small and medium are rather macropterous or dimorph (Dajoz, 2002). Small spiders use ballooning to disperse (Dean & Sterling, 1985). The classes of size are]0-3[, [3-5[, ≥5 (respectively size1, size2, size3) for adult spiders and]0-5[, [5-10[, ≥10 (respectively size1, size2, size3) for adult carabid beetles.

Statistical analysis

To test the relative effect of landscape and local variables on species composition, partitions of variance based on multivariate analyses were performed. The choice between linear (PCA, RDA) or unimodal (CA, CCA) analysis was made depending on the length values of the gradient of the first axis of DCA previously realized.

The relation between activity-density, species richness and variables was tested only for 2 variables (chosen among those with the most significant effect on species composition according to the partition of variance by group of variables). These relationships were tested by GLM with quasi-Poisson distribution. Counts of abundance are assumed to conform to a Poisson distribution (Vincent & Haworth, 1983). The interactions between variables were included in the initial model and omitted if non-significant. These statistics were applied to data from the individual traps.

Results

Description of the fauna

In total, 2077 individual carabids belonging to 39 species were collected. Individuals of *Nebria brevicollis* accounted for more than 50% of the total catch.

In total, 4413 individual spiders belonging to 117 species were collected. Individuals of *Pardosa hortensis*, *Pardosa prativaga*, *Ozyptila praticola*, *Zodarion italicum*, *Dysdera erythrina* and *Trochosa ruricola* accounted for more than 40% of the total catch.

Variance partitioning between landscape and local variables

The landscape variables had a significant effect on both carabid beetle and spider assemblages (Figs. 6-1 and 6-2). They roughly explained the same proportion of variance for both groups (around 4.4%).

The partition of variance (CCA) revealed that 12.15 % of variance for carabid beetles was significantly explained by all variables (F-ratio=1.33, p=0.064) (Fig. 6-1.). 4.24% were significantly explained exclusively by landscape variables (F-ratio=1.85, p=0.006) and 7.14 % were explained by local variables (F-ratio=1.04, p=0.336) (Fig 6-1).

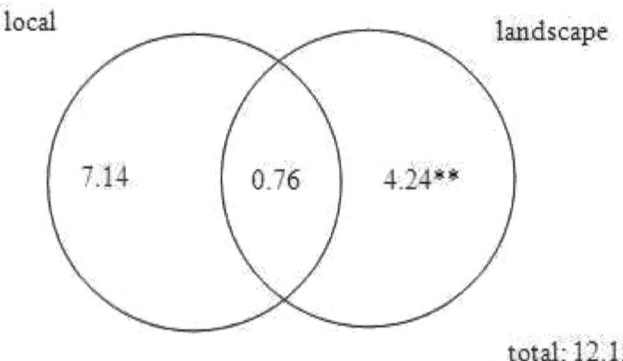

Figure 6-15 : Venn diagram representing the variance partition analysis on carabid beetle assemblages and environmental variables using partial canonical correspondence analysis (CCA). The numbers indicate the share (percentage) of variance explained (with significant star) by landscape variables, local variables and their interaction.

The partition of variance (CCA) shows that 12.70% of variance of spider was significantly explained by all variables (F-ratio=1.674, p=0.002) (Fig. 6-3A). Out of these 12.70 % of variance explained, 4.51% were significantly explained exclusively by landscape variables (F-ratio=2.38, p=0.002) and 7.31 % were explained by local variables (F-ratio=1.28, p=0.010) (Fig. 6-2A). Out of these 7.31% of variance explained by local variables, 3.07 % were exclusively explained by local variables of maintenance (F-ratio=1.16, p=0.112), 3.02 % exclusively by local variables of status-conception (F-ratio=1.33, p =0.002) and 0.84 % exclusively by other variables (F-ratio=1.11, p =0.234) (Fig. 6-2B).

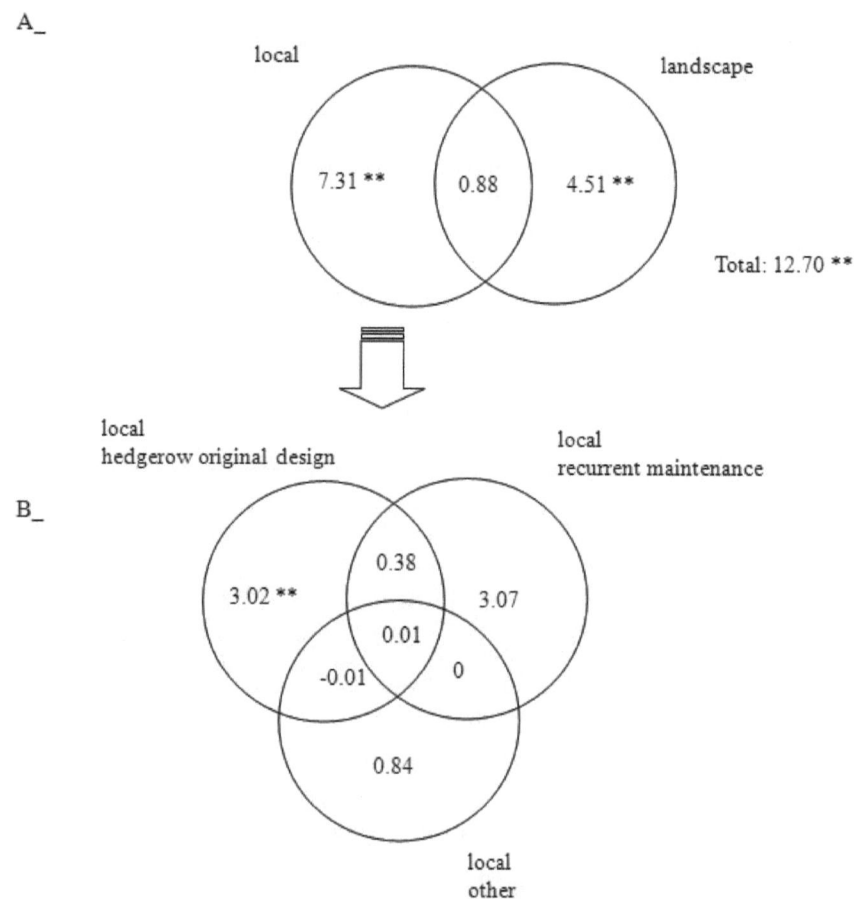

Figure 6-16 : A_ Venn diagram representing the variance partition analysis on spider assemblages and environmental variables using partial canonical correspondence analysis (CCA). The numbers indicate the share (percentage) of variance explained (with significant star) by landscape, variables local and their interaction.
B_ Venn diagram representing the variance partition analysis on spider assemblages and local variables using partial canonical correspondence analysis (CCA). The figures indicate the share (percentage) of variance explained (with significant star) by the 3 categories of local variables and their interaction. The landscapes variables are co-variable.

Impact of variables on activity-density and species richness

The partition of variance showed that the spider and carabid beetle assemblages depended on landscape variables (Figs. 6-1 and 6-2) but the GLM analysis showed that the effect was stronger for carabid beetles than for spiders (Tables 6-2 and 6-3). Carabid beetles responded in terms of number of species and activity-density (total, by size and by habitat preference). When the 'length of public hedgerows/ha' variable was highest, the activity-density and the species richness were lowest (Table 6-1); they both increased with the value of the 'Index of contagion' (Table 6-2). The response of spiders at the landscape level was only significant for the activity-density of all forest species and all small-sized individuals (size 1: Table 6-3). Similarly to carabid beetles, when the variable 'length of hedgerows' increased, the activity-density was lowest (Table 6-3).

The local variables also affected the assemblages of arthopods, but the effect was stronger for spiders than for carabid beetles (Figs. 6-1 and 6-2). Activity-density and species richness of spiders and carabid beetles were more sensitive to change in the local original design of hedgerows than to local management variables. (Tables 6-2 and 6-3). For the other local variables, carabid beetles were sensitive to soil moisture while spiders were sensitive to temperature (Tables 6-3 and 6-3).

Table 6-8 : Results of the GLM analysis of the effects of particular variables on the species richness and the activity-density (total, according to habitat preference and to size) of carabid beetles.

		Rs			Activity density total			Activity-density of forest		
		Statistic value	p-value	post-hoc	Statistic value	p-value	post-hoc	Statistic value	p-value	post-hoc
Landscape	Length edge (m)	-5.57	<0.001	-0.004	-3.79	<0.001	-0.005	-1.98	0.048	-0.006
	index contagion (m)	5.29	<0.001	+0.16	5.98	<0.001	+0.35	1.03	0.304	
	interaction	1.12	0.263		0.77	0.441		1.97	0.050	
local, hedgerow original design	Origine species planted (ty)	1.00	0.371		0.32	0.725		9.97	<0.001	Local > Alien
	nature adj (ty)	3.68	0.027	Per> Imper	0.79	0.453		5.30	0.006	Per> Imper
	interaction	0.53	0.713		0.57	0.688		0.77	0.543	
local, recurrent maintenance	clipping (ty)	0.16	0.689		0.65	0.422		3.71	0.055	
	nature litter (ty)	2.65	0.073		2.07	0.129		2.54	0.081	
	interaction	1.20	0.304		1.16	0.314		1.28	0.281	
local, other	temperature (m)	1.47	0.142		0.79	0.432		-1.56	0.121	
	moisture (m)	-1.35	0.177		-2.42	0.017	-0.07	-4.04	<0.001	-0.24
	interaction	-2.302	0.022		-0.85	0.398		0.27	0.784	

		Activity-density of size 1			Activity-density of size 2			Activity-density of size 3		
		Statistic value	p-value	post-hoc	Statistic value	p-value	post-hoc	Statistic value	p-value	post-hoc
Landscape	Length edge (m)	-3.36	**<0.001**	-0.007	-1.91	0.058		-2.48	**0.014**	-0.005
	index contagion (m)	4.04	**<0.001**	+0.36	0.58	0.565		4.93	**<0.001**	+0.41
	interaction	-0.65	0.514		0.53	0.595		1.22	0.223	
local, hedgerow original design	Origine species	0.92	0.400		2.25	0.108		0.05	0.947	
	planted (ty) nature adj (ty)	2.60	0.077		1.60	0.204		1.66	0.193	
	interaction	0.71	0.586		0.49	0.746		1.20	0.311	
local, reccurent maintenance	clipping (ty)	0.04	0.832		0.01	0.931		1.12	0.290	
	nature litter (ty)	0.53	0.592		0.75	0.472		1.62	0.201	
	interaction	4.69	**0.010**		0.40	0.670		0.52	0.594	
local, other	temperature (m)	0.80	0.425		0.51	0.607		0.50	0.614	
	moisture (m)	-0.23	0.817		-0.09	0.924		-2.86	**0.005**	-0.11
	interaction	-1.27	0.203		-1.19	0.237		-0.09	0.928	

Table 6-9 : Results of the GLM analysis of the effects of particular variables on the species richness and the activity-density (total, according to habitat preference and to size) of spiders.

		Rs			Activity density total			Activity-density of forest		
		Statistic value	p-value	post-hoc	Statistic value	p-value	post-hoc	Statistic value	p-value	post-hoc
Landscape	Length edge (m)	-1.16	0.245		-1.91	0.057		-2.26	**0.025**	- 0.002
	index contagion (m)	-0.75	0.456		0.44	0.660		0.36	0.719	
	interaction	1.01	0.313		2.12	**0.035**		2.48	**0.014**	
local, hedgerow original design	Origine species planted (ty)	9.44	**<0.001**	Local > Alien	3.93	**0.021**	Local> Alien	10.09	**<0.001**	Local > Alien
	nature adj (ty)	4.44	**0.013**	Per>Imper	2.94	0.054		1.92	0.149	
	interaction	0.46	0.762		1.20	0.311		0.87	0.485	
local, recurrent maintenance	clipping (ty)	3.70	0.055		1.19	0.277		2.40	0.122	
	nature litter (ty)	0.12	0.887		0.81	0.445		5.11	**0.007**	N> PC-VC
	interaction	0.43	0.653		0.24	0.785		0.00	0.999	
local, other	Temperature (m)	3.73	**<0.001**	+0.07	4.49	**<0.001**	+0.13	2.72	**0.007**	+0.10
	Moisture (m)	-1.49	0.137		-0.14	0.892		-2.20	**0.029**	-0.03
	interaction	1.74	0.084		0.79	0.427		-1.61	0.108	

		Activity-density of size 1			Activity-density of size 2			Activity-density of size 3		
		Statistic value	p-value	post-hoc	Statistic value	p-value	post-hoc	Statistic value	p-value	post-hoc
Landscape	Length edge (m)	-2.99	**0.003**	-0.002	-1.66	0.099		-0.35	0.726	
	index contagion (m)	-0.19	0.852		1.20	0.229		-0.68	0.496	
	interaction	1.47	0.144		0.91	0.364		0.80	0.425	
local, hedgerow original design	Origine species planted (ty)	1.09	0.337		4.22	**0.016**	Local>Alien	2.27	0.106	
	nature adj (ty)	1.13	0.326		2.92	0.056		2.68	0.071	
	interaction	1.08	0.368		1.37	0.246		1.25	0.291	
local, recurrent maintenance	clipping (ty)	0.77	0.382		2.31	0.130		0.54	0.464	
	nature litter (ty)	0.30	0.743		1.96	0.143		0.82	0.440	
	interaction	0.04	0.960		0.71	0.491		0.00	0.998	
local, other	temperature (m)	2.31	**0.022**	+0.07	4.92	**<0.001**	+0.19	2.78	**0.006**	+0.11
	moisture (m)	-0.16	0.872		0.79	0.430		-1.55	0.122	
	interaction	-0.38	0.704		0.99	0.323		1.18	0.241	

Discussion

The percentage of variance in populations explained by landscape variables is similar for carabid beetles and for spiders. However, verifying our hypothesis 1, the activity-density and the species richness of spiders are less sensitive to the particular effects of landscape variables than those of carabid beetles. Those are particularly sensitive to the contagion index, which seems to indicate that connectivity is an important parameter for carabids. In the urban environment, the landscape grain is small. The dispersal capacity can thus be associated to the sensitivity scale (Verboom & Van Apeldoorn, 1990). Taxa with a higher dispersal capacity are more sensitive to local conditions than to landscape conditions because the landscape elements do not act as barriers, and vice-versa for taxa with a low dispersal capacity (Kell et al., 2004 ; Croci et al., 2008). Indeed, spiders are generally considered as having higher dispersal capacities as carabid beetles (Derron & Blandenier, 2002; Barbaro et al., 2005). The partitions of variance also show that spiders are significantly more sensitive to local variables than carabid beetles. However, the GLM analyses show that carabid beetles can be sensitive to some local variables. In accordance with our second hypothesis, the activity-density of forest species (both for carabid beetles and for spiders) is sensitive to local variables in the setting-up of hedgerows, in particular to the origin of the plant species found in the hedgerow. Contrary to "exotic" hedgerows, those made up of indigenous species evolve with the fauna and are thus better suited to answer its needs in terms of trophic resources, habitat, etc. (Smith et al. 2006). Spiders seem to be particularly sensitive to that variable. Indeed, the species richness and the activity-densities, total and for medium-size individuals, are higher in indigenous hedgerows. Finally, in contradiction with our hypothesis 3, maintenance variables do not filter individuals according to size. Yet, these variables can reasonably be considered as recurring disturbances. The effects of these disturbances depend mostly on their frequency, their intensity and their type (e.g. Brown, 1996 ;Kimberling et al., 2001 ; Hill & Hamer, 2004 ; Barlow et al., 2007 ; Basset et al., 2008). However, the frequency of maintenance activities is not high enough to have an effect correlated to the dispersal capacity of individuals.

In conclusion, even though the urban environment is relatively poor, the design choices at the landscape and the local scales, and of green space maintenance in residential neighbourhoods can "influence" the diversity of errants arthropods found there. A good connectivity between green spaces, the use of several local tree species to create hedgerows and an extensive management (e.g. by leaving the herbaceous stratum in place and adding litter) seem to be favorable to diversity.

Acknowledgements

We would like to thank Anne Treguier and Béatrice Sauzeau for their help in collecting individuals and identifying carabid beetles, and the following people for their help in identifying problematic spiders: Alain Canard, Robert Bosmans (genera *Lepthyphantes* and *Zodarion*) and Christophe Hervé (genus *Drassodes*). Sandine Baudry is acknowledged for her comments on an earlier draft. This study was funded by Rennes Métropole.

Bibliography

See the general reference list.

7. Conclusion générale

7.1 Avant-propos

L'urbanisation est un phénomène que l'on peut difficilement arrêter. Elle répond à l'accroissement de la population et à un changement global de mode de vie (Antrop, 2004). Cela passe notamment par la création de nouveaux quartiers résidentiels. Ce changement d'usage des terres crée une perturbation particulière de l'environnement car elle correspond à la mise en place définitive de structures anthropiques (Germaine et Wakeling 2001, McKinney 2006), pour la plupart minéralisées (bâti et voirie) et non favorables au maintien d'une biodiversité. Cependant l'urbanisation peut, dans la mesure de ses moyens, prendre en compte la nature. En effet, cette dernière a un rôle important dans la vie des citadins ; elle augmente leur bien-être (Altman & Wohlwill, 1983 ; Kaplan, 1983 ; Hartig et al., 1991 ; Ulrich et al., 1991 ; Herzog & Bosley, 1992 ; Kaplan, 1995 ; Gobster & Westphal 2004) et ainsi est placée au cœur de leurs envies (Boutefeu, 2005 ; Clergeau, 2007). Il existe des espèces qui colonisent et/ou se maintiennent dans cette matrice minérale. Les espaces verts sont les zones urbaines les plus susceptibles d'accueillir des espèces animales et végétales sauvages. Au sein de tous ces espaces verts, la haie est l'un des éléments le plus communément rencontré en ville, car facilement intégrable au nouveau projet de construction.

7.2 Les araignées et carabiques comme modèles écologiques en milieu urbain : méthodes et limites de l'étude

Les abondances observées au cours de ce travail de thèse sont très faibles, particulièrement celles les carabiques. En effet, en moyenne une activité-densité de 0.53 individus carabique/m/jour (soit 8 individus carabiques) par point d'échantillonnage a été mesurée au cours de trois ans de terrain. Par comparaison, Saska (2007) en milieu rural, sur une période plus longue mais comprenant notre période d'échantillonnage, mesure une activité-densité de 2.76 individus de carabiques /m/jour par point d'échantillonnage (selon le périmètre du piège), soit 5 fois plus importante que lors de notre étude. Plusieurs hypothèses peuvent expliquer ces chiffres.

Dans un premier temps, le type de pièges pourrait ne pas convenir pour le piégeage des modèles biologiques choisis. Cependant c'est la technique la plus utilisée pour la récolte de données carabiques car cette technique permet une bonne représentativité de l'activité-densité des individus (e.g. Baars 1979). Elle a déjà montré son bon fonctionnement en milieu urbain dans plusieurs études (Niemelä et al., 2002 ; Croci et al., 2008). Pour les araignées, l'utilisation en complément de la technique du filet fauchoir, aurait pu étoffer nos données. Cette méthode aurait notamment permis une meilleure estimation des araignées tisseuses. En effet les pièges à fosses manquent d'efficacité pour cette guilde (e.g. Churchill 1993). Cependant, l'utilisation des pièges Barber seuls est relativement courante dans les cas de comparaison d'assemblage entre différentes zones (e.g. Alaruikka et al., 2002 ; Pétillon et al., 2010).

L'âge, relativement jeune, de la majorité des sites étudiés (10 ans) aurait pu être un facteur explicatif pour les faibles abondances échantillonnées. En effet, le milieu urbain ayant subi une forte perturbation lors de l'urbanisation, a dû perdre de sa diversité. Le temps devrait permettre la recolonisation du milieu. Cependant l'étude présentée dans le chapitre 4 montre que les chiffres sont comparables entre ces sites et ceux âgés de 30 ans. Ainsi, l'âge des quartiers semble ne pas être une explication aux faibles abondances observées.

Enfin, les chiffres des assemblages des haies urbaines observés au cours de ce travail peuvent être relativement proches de ceux réellement présents. En effet, nos assemblages présentent de fortes similitudes entre les sites ainsi que temporelles. Les assemblages de carabiques de nos quartiers résidentiels sont tous largement dominés par *Nebria brevicollis* (28 à 90 %) puis essentiellement par *Notiophilus quadripunctatus*. Les assemblages d'araignées présentent une structure moins déséquilibrée, mais quelques espèces dominent tout de même les assemblages des quartiers, notamment *Pardosa hortensis*, *Pardosa prativaga* et *Ozyptila praticola*. La structure de ces assemblages semble peu différer au cours du temps. En effet, la proportion de la majorité des espèces est conservée d'une année à l'autre (Matériel et Méthodes générales). De plus, les estimations de richesse spécifique sont proches de celles réellement observées. .

De nos résultats il ressort que l'utilisation des carabiques comme indicateurs écologiques n'est peut-être pas toujours la plus appropriée en milieu urbain. De nombreux autres taxons peuvent être utilisés et sont utilisés comme indicateurs en milieu urbain. Les oiseaux et les papillons sont parmi les taxons les plus utilisés (par exemple : Blair, 1996; Clergeau et al., 1998; Blair, 1999 ; Guiliano et al., 2004; Clark et al., 2007 ; Bergerot et al., 2010), notamment du fait de leur facilité d'identification. Ces modèles, de par leur mode de déplacement, peuvent accéder et coloniser facilement les habitats urbains et être moins sensibles au phénomène d'îlot d'habitat (Clergeau, 2007). Cependant, il apparaît que lors du maintien des populations dans les taches urbaines, ou lors de leur colonisation, la tolérance des espèces (évaluée à travers leurs traits biologiques) soit un des principaux facteurs (McClure, 1989 ; Kho & Sodhi, 2004 ; Clergeau et al., 2006 ; McKiney, 2006 ; Clark et al., 2007 ; Kark et al., 2007 ; Croci et al., 2008b). De nombreux autres taxons sont ponctuellement utilisés, notamment pour des questions relatives à la diversité le long du gradient urbains-ruraux, et à la conservation de la biodiversité en ville. Il y a par exemples les lézards (Germaine & Wakeling 2001), les micromammifères (Croci et al., 2008), les isopodes (Vilisics et al., 2007) et les fourmis (Pacheco & Vasconcelos, 2007). Les modèles à relatif faible pouvoir de dispersion (comme les carabiques), bien que pouvant poser des problèmes de quantité de données récoltées, sont tout de même des modèles intéressants, notamment lors d'études multi taxon (par exemple Croci et al., 2008). En effet, leur absence ou leur faible occurrence peut par exemple révéler une connectivité faible ou une forte fragmentation.

Enfin, les faibles abondances de carabiques et d'araignées peuvent simplement être dues à de faibles densités d'individus dans le milieu, et au type d'éléments urbains échantillonnés. En effet de nombreuses études s'accordent sur la diminution de l'abondance du milieu urbain par rapport au milieu rural (McKinney, 2002 ; Niemelä et al., 2002 ; Niemelä, 2009). Néanmoins, nos chiffres sont largement inférieurs à ceux des autres études travaillant dans le milieu urbain (Croci , 2007; Alaruikka et al., 2002 ; Niemelä et al. 2002). Certes ce travail de thèse est basé essentiellement en milieu urbain mais, contrairement à la majorité des autres travaux, les échantillonnages ne sont pas effectués dans des boisements mais dans des haies. Or les haies sont plus souvent des éléments de circulation que d'habitat et accueillent en permanence moins d'individus que les bois (Baudry & Jouin, 2003). Ainsi la combinaison de ces deux facteurs (paysage et habitat) peut expliquer nos abondances. En effet, le travail de Pauline Frileux (2008), également en haie urbaine, présente des abondances semblables.

7.3 Les haies comme habitat en milieu urbain

La haie, habitat échantillonné pour cette étude, a d'abord un rôle social très important en milieu urbain (Frileux, 2008). De plus, elle est un élément facilement conservé ou mis en place dans les projets de développement urbain. En effet, dans les quartiers résidentiels que nous avons échantillonnés, la densité en haies (publique ou privée) est comprise entre 510 et 750 mètres/ha. La forte densité en haies est un phénomène qui se retrouve relativement fréquemment dans les quartiers résidentiels au niveau international. La haie est l'un des principaux éléments linéaires verts du milieu urbain, lui donnant en conséquence un rôle de corridor. Ce rôle lui est déjà bien connu en milieu rural et permet de favoriser la dispersion d'espèces (Burel, 1989 ; Domwski & Koziakiewicz, 1990 ; Merriam & Lanoue, 1990 ; Michel et al., 2006 ; Pichancourt et al., 2006 ; Michel et al., 2007 ; Ouin et al., 2008). Ainsi les haies favorisent le développement et le maintien de la biodiversité (Burel & Baudry, 1999 ; McCollin, 2000 ; Marshall et al., 2001). Cependant, l'utilisation des haies en tant que corridor est fonction de la 'qualité' de ces dernières (Baudry & Jouin, 2003). En effet, bien qu'il n'existe pas de haie idéale en tant que corridor, une haie est généralement considérée de bonne qualité si elle est large (Tischendorf et al., 1998), multi-strate et avec un relatif fort couvert (Baudry & Jouin, 2003). En milieu urbain, les haies, notamment celles mises en place lors de la conception des quartiers, ont généralement une 'qualité écologique' faible ; elles sont en effet généralement mono-strate, étroites et taillées régulièrement, présentant un faible couvert végétal.

De nombreux autres types d'espaces verts existent en milieu urbain et participent à l'accueil de la biodiversité en ville. Il y a notamment les friches, les jardins privés et les parcs comprenant fréquemment des zones boisées. Ces zones, bien qu'elles soient généralement des taches (plus ou moins connectées) dans la matrice minérale, contribuent fortement à la présence et à l'accueil de la biodiversité. Cependant tous les habitats, même ceux qui semblent les plus insignifiants ou les moins accueillants, participent à la diversité rencontrée en ville. En effet, par exemple, les toits végétalisés et les façades participent également à l'accueil de la biodiversité (Kadas, 2006 ; Lundholm, 2006).

7.4 Apports scientifiques

Ce travail de thèse participe au développement des connaissances sur l'écologie urbaine. Selon les nombreux travaux déjà effectués (Niemelä et al., 2002 ; Niemelä, 2009), un consensus de perte de biodiversité en milieu urbain par rapport au milieu rural est admis. L'ensemble de nos travaux et échantillonnages ont confirmé que le milieu urbain est pauvre. Cette faible diversité en milieu urbain par rapport au milieu rural est conservée quel que soit l'âge des sites du milieu urbain (Chapitre 4). Nous pouvons ainsi émettre l'hypothèse d'un fort effet barrière (lié peut-être à la minéralisation du milieu) engendrant un phénomène d'îlot d'habitat. Cependant cet effet barrière n'est pas aussi trivial. En effet l'urbanisation est souvent graduelle, impliquant une urbanisation des terres intermédiaires entre le milieu rural et le milieu urbain, terres dites de zone périurbaine. Au niveau de cette zone périurbaine, la réponse de la biodiversité et les processus impliqués sont encore peu connus. Le chapitre 3 de ce travail, contribue à l'amélioration de la compréhension de la réponse de la biodiversité au niveau de cette zone de transition. La particularité de ce travail résulte du gradient très court qui permet une approche précise de la réponse de la biodiversité au niveau de la zone de transition. Notre étude a montré que les réponses sont différentes suivant les modèles biologiques considérés résultant de leur différence de capacité de dispersion (Croci et al., 2008). En effet, de plus grandes capacités de dispersion vont faciliter une meilleure colonisation des habitats du milieu urbain. Les araignées sont considérées comme ayant une meilleure dispersion que les carabiques. En effet, un certain nombre d'entre elles peuvent pratiquer et pratiquent, en fonction de leur taille et de leur poids, une dispersion aérienne, le ballooning qui permet une dispersion à grande distance (Coyle et al., 1985; Dean & Sterling, 1985). Ainsi la majorité des espèces peuvent la pratiquer au moins lorsqu'elles sont juvéniles. A l'opposé, seules quelques espèces de carabiques pratiquent la dispersion par vol au stade adulte (Dajoz, 2002). Les capacités de dispersion influencent les 'capacités' de colonisation des milieux, entre autres celles du milieu urbain. Cependant, en milieu urbain le grain du paysage étant faible, la capacité de dispersion peut être associée, plus couramment, aux échelles de sensibilité (habitat ou paysagère) (Verboom & Van Apeldoorn, 1990) ; Les individus possédant une capacité de dispersion supérieure à la distance qui sépare les taches d'habitats seront plus particulièrement sensibles à la qualité de l'habitat qu'au paysage et inversement pour les individus à faible capacité de dispersion. En effet, la structure du paysage peut largement influer sur les stratégies de distance de dispersion (ainsi que leur évolution) (Bonte et al., 2010). Ainsi, des taxons à plus grand capacité de dispersion sont plus sensibles aux conditions locales que paysagères, car les éléments du paysage ne représentent pas de barrière, et inversement pour des taxons à plus faible capacité de dispersion (Kell et al., 2004 ; Croci et al., 2008). En effet, les résultats du Chapitre 6 semblent aller dans ce sens avec une sensibilité plus importante aux facteurs locaux que paysagers pour les araignées et inversement pour les carabiques.

L'effet barrière de l'urbanisation précédemment évoqué peut également être accompagné d'un effet filtre. Ceci peut peut-être expliquer la grande homogénéité des assemblages des haies urbaines (dans les quartiers résidentiels), au niveau des espèces dominantes, richesse spécifique, etc., entre les sites, ce en dépit de leur hétérogénéité en termes d'âge, d'aménagement et d'entretien (Chapitres 4, 5 et 6). En effet, tous les assemblages de carabiques des haies sont majoritairement dominés par *Nebria brevicollis*. Cette forte dominance d'une espèce est généralement associée à des milieux perturbés. De plus, cette espèce dominante est effectivement couramment associée aux milieux où la pression et les perturbations anthropiques sont fortes. Quant aux assemblages d'araignées, ils sont pour la majorité dominés par le 'trio' *Pardosa hortensis, Pardosa prativaga et Ozyptila praticola*, dont *P. hortensis* (parmi les araignées coureuses) est reconnue comme l'espèce dominante dans les jardins (Kiss & Samu, 2002). Nous pouvons alors émettre l'hypothèse que ces données résultent du rôle filtre de l'urbanisation, ce qui se traduit notamment par une homogénéisation biotique. En effet, l'urbanisation est considérée comme un facteur majeur d'homogénéisation (McKinney, 2006) ; c'est-à-dire le fait qu'il y ait une augmentation au cours du temps de la similarité d'une variable biologique mesurée en différents lieux, ici la ville (Blair, 2001 ; Olden & Poff, 2003 ; Olden et al., 2004). En effet, les assemblages des haies de nos différents sites sont proches entre eux mais également avec ceux des haies des quartiers résidentiels de région parisienne (Frileux, 2008). Cependant, nos assemblages ne sont pas forcément les assemblages types observés dans l'ensemble du milieu urbain. En effet, les assemblages de carabiques observés dans les haies de quartiers résidentiels de Rennes Métropole sont relativement différents de ceux observés dans les parcs urbains rennais (Croci, 2007). Contrairement aux assemblages des haies urbaines, les assemblages des parcs présentent une forte proportion de *Pterostichus madidus* tandis que *Nebria brevicollis* ne représente qu'environ 13 % des captures totales. Ainsi, il semble que l'hétérogénéité des zones urbaines et de leurs habitats (par exemple : parcs et boisements, quartiers résidentiels et haies, hypercentre) s'accompagne d'une hétérogénéité des assemblages. Par conséquent, une prise en compte des grands types de zones (soit des 'paysage urbains' différents) et habitats en zone urbaine ne semble pas négligeable.

L'effet barrière de l'urbanisation précédemment évoqué semble très fort malgré la connectivité apparente des haies échantillonnées. En effet, la biodiversité reste faible malgré les différents aménagements urbains impliquant des connectivités différentes (Chapitre 5). Ainsi, bien qu'il y ait une certaine connectivité structurale des espaces verts (par exemple coulée verte), il ne semble pas y avoir une bonne connectivité fonctionnelle. Ceci résulte peut-être de la qualité des espaces verts. Cette dernière est notamment fonction du choix de conception et de leurs entretiens. Il semble que des entretiens extensifs soient plus favorables à la biodiversité (Chapitre

6, Rochefort, 2006). Les entretiens récurrents peuvent également expliquer la rapidité et la pérennité de l'équilibre de biodiversité atteint dans les espaces verts urbains.

7.5 Perspectives de recherche

L'approche assemblages que nous avons choisie lors de ce travail permettait dans un premier temps d'acquérir des informations générales sur la diversité au sein des haies urbaines. Elle a soulevé de nouvelles interrogations et proposé de nouvelles pistes de recherches, tel que le rôle de la connectivité en ville selon la qualité des habitats. Cette dernière pourrait notamment être développée par des approches à des échelles plus petites comme celle de la population ou de l'individu. En effet, des suivis d'individus (par exemple l'espèce carabique dominante Nebria brevicollis, la thomicide forestière Ozyptila praticola ou la lycoside forestière Pardosa saltans) permettraient de mieux connaitre les éléments verts urbains exploités (boisements, haies, pelouses, bosquets, haies bocagères conservées...) que ce soit à des fins d'habitat ou simplement de corridor. Des analyses démographiques des populations pour observer si leur mortalité est accrue en ville (dû à la pollution, insecticides, circulation automobile par exemple ...), ou si taux de survie larvaire plus faible pourraient être envisagé. L'étude de populations, notamment par des analyses génétiques, d'un milieu urbain et d'un milieu rural adjacent, permettrait d'améliorer également notre compréhension des échanges entre ces deux milieux, et notamment la réalité ou non du modèle source-puits (rural-urbain) intuitivement admis. Toutes ces pistes participeraient à l'accroissement de notre compréhension de l'impact de l'urbanisation et permettraient de développer nos connaissances quant à l'utilisation des espaces verts urbains afin de fournir de nouvelles recommandations pour favoriser la nature en ville.

7.6 Applications et recommandations

L'application des travaux de recherches scientifiques n'est pas toujours aisée et réalisable. Certaines disciplines, dont l'écologie du paysage, permettent plus facilement ces perspectives appliquées. Ce travail de thèse, initié par Rennes Métropole, avait pour ambition que ces travaux puissent les guider dans leurs actions sur le maintien de la biodiversité en ville.

Aménagement du territoire et urbain

Forme urbaine

Lors de ce travail nous avons montré que les nouvelles formes urbaines avaient une diversité semblable à celle des quartiers classiques (Chapitre 5). Ainsi, en opposition avec Bryant (2006), les 'trames vertes' issues des nouvelles formes urbaines étudié ne semblent pas spécialement favorables à la biodiversité. Cependant, bien qu'il y ait eu des réflexions sur les continuités vertes, ces dernières ne sont pas forcément des trames vertes écologiques, et ne sont ainsi pas aménagées dans un but d'accueil et de 'propagation' de la biodiversité. Cependant, les nouvelles formes urbaines peuvent tout de même être considérées comme plus propices à la biodiversité. En effet, la densification en logement ne semble pas avoir d'effet plus néfaste sur la biodiversité qu'une urbanisation lâche. Ainsi, pour la construction d'un même nombre de logements, les nouvelles formes urbaines, plus denses, permettent de limiter l'urbanisation des terres agricoles et naturelles. Or, les milieux agricole et naturel sont beaucoup plus riches en diversité que le milieu urbain. Ainsi, à l'échelle du territoire, la mise en place de ces nouvelles formes urbaines permet de limiter les surfaces pauvres en diversité (zones urbanisées) pour favoriser les surfaces plus riches (zones rurales). Ceci est en accord avec les recommandations figurant au SCOT du pays de Rennes (approuvé le 18 décembre 2007 par le comité du syndicat mixte du SCOT du Pays de Rennes) : « *Au regard des objectifs fixés dans le Projet d'aménagement et de développement durable, le développement des espaces urbains et à urbaniser doit se faire suivant le principe d'une gestion économe de l'espace, que ce soit pour créer de nouveaux secteurs à dominantes d'habitat comme pour développer de nouveaux sites d'activités. […] Le développement de nouveaux secteurs d'habitat intègrera de façon importante des formes urbaines qui concourent à une économie d'espace.* »

Continuité urbaine

Nous avons montré que la réponse des assemblages au niveau de la zone de transition urbaine-rurale était fonction des sensibilités de chaque taxon (Chapitre 3); graduelle pour le taxon sensible aux facteurs locaux (araignées) et inexistante (à courte distance) pour le taxon plus sensible aux paysages (carabiques). Dans notre étude, les carabiques n'ont pas montré de changement de diversité entre le milieu urbain, la zone de transition et le milieu rural. Cependant si l'on compare la diversité en carabiques de notre milieu rural à celle de données obtenues sur d'autres sites ruraux d'Ille et Vilaine (ZA de Pleine Fougères), cette dernière est très largement supérieure à la nôtre. Ainsi l'urbanisation modifie la diversité au niveau des zones urbanisées mais potentiellement aussi celle des milieux adjacents relativement proches spatialement. Nous pouvons décrire ce phénomène par une notion 'd'effet rayonnant' du milieu urbain. Plusieurs variables environnementales présentent également des données suivant cet effet. L'augmentation de température avec l'urbanisation est la plus connue (sous le nom d'îlot de chaleur) (Voogt & Oke, 2003) mais ce phénomène est également observé pour d'autres variables environnementales tels que l'augmentation de la pollution de l'air (avec la production de dioxyde de carbone), l'augmentation du ruissellement (dû aux surfaces imperméables) (Douglas, 1983 ; Bridgeman et al., 1995) et les changements de vitesse et de direction du vent Gilbert (1989). La réponse de la biodiversité pourrait donc être une conséquence des variations environnementales.

Afin de limiter la perte de la biodiversité résultant de cet 'effet rayonnant', l'urbanisation devrait se faire en continuité des zones urbanisées déjà existantes. Ce qui est en accord avec les recommandations figurant au SCOT du pays de Rennes (approuvé le 18 décembre 2007 par le comité du syndicat mixte du SCOT du Pays de Rennes): « *Afin de contenir les zone d'extension urbaine [...] les extensions urbaines ne pourront se faire qu'en continuité urbaine. [...] Les nouvelles opérations qui ne sont pas en continuité de l'urbanisation existante ou de l'urbanisation prévue au document d'urbanisme en vigueur sont interdites.* ». Néanmoins, cela ne remet pas en cause le modèle de ville-archipel (préservation des ceintures vertes et des alternances ville/campagne) développé et valorisé dans le pays de Rennes. En effet, ces observations sont vraies pour des distances relativement courtes.

Aménagement des espaces verts

Nos études ont montré que les choix faits lors de la conception sont primordiaux pour la diversité future (Chapitre 6). Ils expliquent en effet une part importante de la variabilité de la diversité observée au pied des haies.

Deux échelles de choix influencent la diversité ; l'aménagement global des espaces verts dans le quartier et l'aménagement particulier des haies. Cependant, ces deux échelles sont liées. En effet, la connectivité spatiale des espaces verts (échelle paysagère) ne peut par exemple présenter une connectivité écologique que si les espaces verts (par exemple les haies) composant ce réseau sont des habitats de bonne qualité. A l'échelle de l'habitat, le choix d'utilisation de plusieurs essences locales semble être un peu plus favorable à la diversité.

Après la conception du quartier et de ses espaces verts, la biodiversité semble recoloniser rapidement le milieu (Chapitre 4). Cependant, le type d'entretien au cours du temps peut avoir un effet sur la biodiversité. Laisser la strate herbacée, ne pas apporter de litière sont deux exemples d'entretien que notre travail a montré comme plutôt favorables à la diversité (Chapitre 6). De façon générale, un entretien extensif (dont la limitation de l'utilisation des produits phytosanitaires ; action déjà mise en place sur Rennes Métropole) serait plutôt propice à l'accueil de la diversité des espaces verts urbains. Ces actions sont notamment mises en place dans certaines zones et parcs suivant le plan de gestion différencié des communes.

8. Bibliographie générale

A

Alaruikka D., Kotze D.J., Matveinen K. & Niemelä J. 2002. Carabid beetle and spider assemblages along a forested urban-rural gradient in southern Finland. Journal of Insect Conservation, 6 : 195-206.

Alberti M. 2005. The effects of urban patterns on ecosystem function. International Regional Science Review, 28 : 168-192.

Allen T.F.H. & Starr T.B. 1982. Hierarchy: perspectives in ecological complexity. University of Chicago Press, Chicago, London.

Altman I. & Wohlwill J.F. 1983. Behavior and the natural environment. Plenum Press, New York.

Antrop M. 2004. Landscape change and the urbanisation process in Europe. Landscape and Urban Planning, 67 : 9-26.

Audiar. 2000/2004. Fiche 'Diversité, densité et qualité urbaines'. Rennes.

Auger P., Baudry J. & Foumier F. 1992. Hiérarchies et échelles en écologie. Naturalia, Cahors.

B

Baars M.A. 1979. Catches in pitfall traps in relation to mean densities of carabid beetles. Oecologia, 41 : 25-46.

Baker L.A., Brazel A.J., Selover N., Martin C., McIntyre N., Steiner F.R., Nelson A. & Musacchio L. 2002. Urbanisation and warming of Phoenix (Arizona, USA): impacts, feedbacks and mitigation. Urban Ecosystems, 6 : 183-203.

Barbaro L., Pontcharraud L., Vetillard F., Guyon D. & Jactel H. 2005. Comparative responses of bird, carabid and spider assemblages to stand and landscape diversity in maritime pine plantation forests. Ecoscience. 12 : 110-121.

Barlow J., Gardner T.A., Araujo I.S., Avila-Pires T.C., Bonaldo A.B., Costa J.E., Esposito M.C., Ferreira L.V., Hawes J., Hernandez M.M., Hoogmoed M.S., Leite R.N., Lo-Man-Hung N.F., Malcolm J.R., Martins M.B., Mestre L.A.M., Miranda-Santos R., Nunes-Gutjahr A.L., Overal W.L., Parry L.,. Peters S.L, Ribeiro-Junior M.A., da Silva M.N.F., Motta C.S. & Peres C.A. 2007. Quantifying the biodiversity value of tropical primary, secondary, and plantation forests. Proceedings of the National Academy of Sciences of the United States of America, 104 : 18555-18560.

Basset Y., Missa O., Alonso A.,. Miller S.E, Curletti G., De Meyer M., Eardley C., Lewis O.T., Mansell M.W., Novotny V. & Wagner T. 2008. Choice of metrics for studying arthropod responses to habitat disturbance: one example from Gabon. Insect Conservation and Diversity, 1 : 55-66.

Baudry J. & Jouin A. 2003. De la haie aux bocages: organisation, dynamique et gestion. INRA, Paris.

Bazzaz F.A. 1983. Characteristics of populations in relation to disturbance in natural and man-modified ecosystems. In Mooney H.A. & Godron M. (Eds) Disturbance and ecosystems: components of response. Springer-Verlag, Berlin.

Bell J.R., Bohan D.A., Shaw E.M. & Weyman G.S. 2005. Ballooning dispersal using silk: world fauna, phylogenies, genetics and models. Bulletin of Entomological Research, 95 : 69-114.

Bell J.R., Wheater C.P. & Cullen W.R. 2001. The implications of grassland and heathland management for the conservation of spider communities: a review. Journal of Zoology, 255 : 377-387.

Bergerot B., Fontaine B., Julliard R. & Baguette M. 2011. Landscape variables impact the structure and composition of butterfly assemblages along an urbanization gradient. Landscape Ecology, 26 : 83-94.

Bergerot B., Fontaine B., Renard M., Cadi A. & Julliard R. 2010. Preferences for exotic flowers do not promote urban life in butterflies. Landscape and Urban Planning, 96 : 98-107.

Bibby C.J., Burgess N.D., Hill D.A. & Mustoe S.H. 2000. Bird census techniques. Academic press, London.

Blair R.B. 1996. Land use and avian species diversity along an urban gradient. Ecological Applications, 6 : 506-519.

Blair R.B. 1999. Birds and butterflies along an urban gradient: Surrogate taxa for assessing biodiversity? Ecological Applications, 9 : 164-170.

Blair R.B. 2001. Birds and butterflies along urban gradients in two ecoregions of the United States: is urbanisation creating a homogeneous fauna? In Lockwood J.L. & M.L. McKinney (Eds) Biotic homogenization: the loss of diversity through invasion and extinction. Kluwer Academic Publisher, Norwell, Massachusetts.

Blondel J. 1995. Biogéographie : Approche écologique et évolutive. Masson, Paris.

Bonte D., Hovestadt T. & Poethke H.-J. 2010. Evolution of dispersal polymorphism and local adaptation of dispersal distance in spatially structured landscapes. Oikos, 119 : 560-56.

Bouget C. 2001 Echantillonnage des communautés de Coléoptères Carabiques en milieu forestier. Relation espèces-milieu et variations d'efficacité du piège à fosse. Symbioses, 4 : 55-64.

Bouget C. 2004. Chablis et diversité des coléoptères en forets feuillus de plaine: Impact à court terme de la trouée, de sa surface et de son contexte paysager. PhD, Museum National d'Histoire Naturelle, Paris.

Boutefeu E. 2005. La demande sociale de nature en ville, enquête auprès des habitants de l'agglomération lyonnaise. Éditions Puca, Lyon.

Breuste J., Feldamenn H. & Ohlmann O. 1998. Urban ecology. Springer Verlag, Berlin.

Bridgeman H., Warner R. & Dodson J. 1995. Urban biophysical environments. Oxford University Press, Melbourne.

Brown J.H. & Sax D.F. 2005. Biological invasions and scientific objectivity: Reply to Cassey et al. (2005). Austral Ecology, 30: 481-483.

Brown Jr. K.S. 1996. The use of insects in the study, inventory, conservation and monitoring of biological diversity in the Neotropics, in relation to land use models. In Ae S.A., Hirowatari T., Ishii M. & Brower L.P. (Eds) Decline and Conservation of Butterflies in Japan III. Lepidopterological Society of Japan, Osaka.

Bryant M.M. 2006. Urban landscape conservation and the role of ecological greenways at local and metropolitan scales. Landscape and Urban Planning, 76 : 23-44.

Burel F. & Baudry J. 1999. Écologie du paysage. Concepts, méthodes et applications. Éditions TEC & DOC, Paris.

Burel F. 1989. Landscape structure effects on carabid beetles spatial patterns in western France. Landscape Ecology, 2 : 215-226.

Burel F., Baudry J., Butet A., Clergeau P., Delettre Y., Le Coeur D., Dubs F., Morvan N., Paillat G., Petit S., Thenail C., Brunel E. & Lefeuvre J.C. 1998. Comparative biodiversity along a gradient of agricultural landscapes. Acta Oecologia, 19 : 47-60.

C

Cadiou N. & Pissarro B. 1995. Cadre de vie et bien-être : des perceptions des habitants à celles des élus : Etude de cas dans trois communes du val de Marne. Ministère de l'équipement- Plan Urbain, Paris.

Camagni R. & Gibelli M.C. 1997. Développement urbain durable : quatre métropoles européennes. Édition de l'Aube, Paris.

Canard A. 2005. Catalogue of spider species from Europe and the Mediterranean basin. Revue Arachnologique, 15 : 1-408.

Carpaneto G.M., Mazziotta A. & Piattella E. 2005. Changes in food resources and conservation of scarab beetles: from sheep to dog dung in a green urban area of Rome (Coleoptera, Scarabaeoidea). Biological Conservation, 123 : 547-556.

Chamberlain D.E., Vickery J.A., Marshall E.J.P. & Tucker G.M. 2001. The effect of hedgerow characteristics on the winter hedgerow bird community. In Barr C.J. & Petit S. (Eds) Hedgerows of the World: their ecological functions in different landscapes. Proceedings of the Tenth Annual IALE, UK.

Chapuis J.-Y., Hardy E. & Guisti J. 2005. Villes en évolution. La documentation Française, Paris.

Churchill T.B. & Arthur J.M. 1999. Measuring spider richness: effects of different sampling methods and spatial and temporal scales. Journal of Insect Conservation, 3 : 287-295.

Churchill T.B. 1993. Effects of sampling method on composition of a Tasmanian coastal heathland spider assemblage. Memoirs of the Queensland Museum, 33 : 475-481.

Clark P.J., Reed J.M. & Chew F.S. 2007. Effects of urbanisation on butterfly species richness, guild structure, and rarity. Urban Ecosystems, 10: 321-337.

Clark P.J., Reed J.M. & Chew F.S. 2007. Effects of urbanization on butterfly species richness, guild structure, and rarity. Urban Ecosystems, 10 : 321-337.

Clergeau P. 2007. Une écologie du paysage urbain. Editios Apogée, Rennes.

Clergeau P., Croci S., Jokimaki J., Kaisanlahti-Jokimaki M.L. & Dinetti M. 2006. Avifauna homogenisation by urbanisation: Analysis at different European latitudes. Biological Conservation, 127 : 336-344.

Clergeau P., Savard J.P.L, Mennechez G. & Falardeau G. 1998. Bird abundance and diversity along an urban-rural gradient: A comparative study between two cities on different continents. Condor, 100: 413-425.

Commissariat général au développement durable. 2011. L'artificialisation des sols s'opère aux dépens des terres agricoles. Le Point sur, 75.

Connell J.H. & Slatyer R.O. 1977. Mechanisms of succession in natural communities and their role in community stability and organization. American Naturalist, 111 : 1119-1144.

Corbit M., Marks P.L. & Gardescu S. 1999. Hedgerows as habitat corridors for forest herbs in central New York, USA. Journal of Ecology, 87 : 220-232.

Coyle F.A., Greestone M.H., Hultsch A.L. & Morgan C.E. 1985. Ballooning mygalomorphs: estimates of the masses of Sphodros and Ummidia ballooners (Araneae: Atypidae, Ctenizidae). Journal of Arachnology, 13 : 291-296.

Cristofoli S. & Mahy G. 2010. Comment les espèces réagissent-elles face à la fragmentation et face à la restauration des milieux tourbeux en Haute Ardenne ? Forêt Wallonne, 109 : 25-33.

Croci S. 2007. Urbanisation et Biodiversité : traits biologiques et facteurs environnementaux associés à l'organisation des communautés animales le long d'un gradient rural-urbain PhD, Université de Rennes 1, Rennes.

Croci S., Butet A., Clergeau P. 2008b. Does urbanization filter birds on the basis of their biological traits ? The Condor, 110 : 223-240.

Croci S., Butet A., Georges A., Aguejdad R. & Clergeau P. 2008. Small urban woodlands as biodiversity conservation hot-spot : a multi-taxon approach. Landscape Ecology, 23 : 1171-1186.

Curtis D.J. 1980. Pitfalls in spider community studies (Arachnida, Araneae). The Journal of Arachnology, 8 : 271-280.

D

Dajoz R., 2002. Les coléoptères carabidés et ténébrionidés. Tec & Doc, Paris.

Davis A.M. & Glick T.F. 1978. Urban ecosystems and island biogeography. Environmental Conservation, 5 : 299-304.

de Blois S., Domon G. & Bouchard A. 2002. Factors affecting plant species distribution in hedgerows of southern Quebec. Biological Conservation, 105 : 355-367.

Dean D.A. & Sterling W.L. 1985. Size and phenology of ballooning spiders at two locations in eastern Texas. Journal of Arachnology, 13 : 111-120.

den Boer P.J. 1977. Dispersal power and survival of carabids in a cultivated countryside. Miscellaneous Papers Landbouwhogeschool Wageningen 14.

Denys C. & Schmidt H. 1998. Insect communities on experimental mugwort (Artemisia vulgaris L.) plots along an urban gradient. Oecologia, 113 : 269-277.

Derron J. & Blandenier G. 2002. Typologie des carabes et des araignées du domaine de Changins. Revue Suisse d'Agriculture, 34 : 177-186.

Desender K., Dekoninck W., Maes D., Crevecoeur L., Dufrêne M., Jacobs M., Lambrechts J., Pollet M., Stassen E. & Thys N. 2008. Een nieuwe verspreidingsatlas van de loopkevers en zandloopkevers (Carabidae) in België. Rapporten van het Instituut voor Natuur- en Bosonderzoek. Instituut voor Natuur- en Bosonderzoek, Brussel.

Deutschewitz K., Lausch A., Kühn I. & Klotz S. 2003. Native and alien plant species richness in relation to spatial heterogeneity on a regional scale in Germany. Global Ecology and Biogeography, 12 : 299-311.

Di Castri F. & Hansen A.J. 1992. The environment and development crises as determinants of landscape dynamics. In Hansen A.J. & Di Castri F. (Eds.) Landscape boundaries consequences for biotic diversity and ecological flows. Springer- Verlag, New York.

Direction des jardins - ville de Rennes. 2008. La gestion différenciée à Rennes, guide de maintenance. Carte Repro-ville de Rennes, Rennes

Dmowski K. & Kozakiewicz M. 1990. Influence of a shrub corridor on movements of passerine birds to a lake littoral zone. Landscape Ecology, 4 : 99-108.

Douglas I. 1983. The urban environment. Edward Arnold, London.

Douglas I. 1992. The case for urban ecology. Urban Nature Magazine, 1 : 15-17.

Dubois P.J., Le Marechal P., Olioso G. & Yésou P. 2001. Inventaire des oiseaux de France. Nathan, Paris.

Dufrêne M. & Legendre P. 1997. Species assemblages and indicator species definition: the need of an asymmetrical and flexible approach. Ecological Monographs, 67 : 345-366.

E

Escourrou G. 1991. Le climat et la ville. Nathan Université, Paris.

F

Fattorini S. 2011. Insect extinction by urbanization: A long term study in Rome. Biological Conservation, 144 : 370-375.

Fenger O. 1999. Urban air quality. Atmospheric Environment, 33 : 4877-4900.

Flather C.H., Wilson K.R., Dean D.J. & McComb W.C. 1997. Identifying gaps in conservation networks: of indicators and uncertainty in geographic-based analyses. Ecological Applications, 7 : 531-542.

Forman R.T.T. 1995. Land mosaics: The ecology of landscapes and regions. Cambridge University Press, Cambridge.

Foster D.R., Motzkin G. & Slater B. 1998. Land-use history as long-term broad-scale disturbance: regional forest dynamics in Central New England. Ecosystems, 1 : 96-119.

Frileux P. 2008. La haie et le bocage pavillonnaires, diversités d'un territoire périurbain, entre nature et artifice. PhD, Museum National d'Histoire Naturelle, Paris.

G

Gaston K.J. & Blackburn T.M. 1995. Mapping biodiversity using surrogates for species richness: macro-scales and New World birds. Proceedings of the Royal Society of London Series B, 262 : 335-341.

Gaublomme E., Hendrickx F., Dhuyvetter H. & Desender K. 2008. The effects of forest patch size and matrix type on changes in carabid beetle assemblages in an urbanized landscape. Biological Conservation, 141 : 2585-2596.

Germaine S.S. & Wakeling B. 2001. Lizard species distributions and habitat occupation along an urban gradient in Tucson, Arizona, USA. Biological Conservation, 97 : 229-237.

Gilbert O.L. 1989. The ecology of urban habitats. Chapman and Hall, London.

Gobster P.H. & Westphal L.M. 2004. The human dimensions of urban greenways: planning for recreation and related experiences. Landscape and Urban Planning, 68 : 147-165.

Godet L. 2010. La « nature ordinaire » dans le monde occidental. Conservation Géographie Nature, 4 : 295-308.

Godron M. & Forman R.T.T. 1983. Landscape modification and changing ecological characteristics. In Mooney H.A. & Godron M. (Eds

Disturbance and ecosystems: components of response. Springer-Verlag, Berlin.

Grandchamp A.-C., Niemelä J. & Kotze D.J. 2000. The effects of trampling on assemblages of ground beetles (Coleoptera, Carabidae) in urban forests in Helsinki, Finland. Urban Ecosystems, 4 : 321-332.

Grose M.J. 2009. Changing relationships in public open space and private open space in suburbans in south-western Australia. Landscape and Urban Planning, 92 : 53-63.

Guiliano W., Accamando A.K. & McAdams E.J. 2004. Lepidoptera-habitat relationships in urban parks. Urban Ecosystems, 7 : 361-370.

H

Hänggi A., Stocklie E. & Nentwig W. 1995. Habitats of central European spiders. Centre Suisse de cartographie de la faune, Neuchâtel.

Hartig T., Mang M. & Evans G.W. 1991. Restorative effects of natural environment experience. Environment and Behavior, 23 : 3-26.

Harvey P.R., Nellist D.R. & Telfer M.G. 2002. Provisional atlas of British spiders (Arachnida, Araneae). Volumes 1 & 2. Biological Records Centre, Huntington.

Heimer S. & Nentwig W. 1991. Spinnen Mitteleuropas. Verlag Paul Parey, Berlin.

Hendrickx F., Maelfait J.-P., Van Wingerden W., Schweiger O., Speelmans M., Aviron S., Augenstein I., Billeter R., Bailey D., Bukacek R., Burel F., Diekötter T., Dirksen J., Herzog F., Liira J., Roubalova M., Vandomme V. & Bugter R. 2007. How landscape structure, land-use intensity and habitat diversity affect components of total arthropod diversity in agricultural landscapes. Journal of Applied Ecology, 44 : 340-351.

Herzog T.R. & Bosley P.J. 1992. Tranquility and preference as affective qualities of natural environments. Journal of Environmental Psychology, 12 : 115-127.

Hill J.K. & Hamer K.C. 2004. Determining impacts of habitat modification on diversity of tropical forest fauna: the importance of spatial scale, Journal of Applied Ecology, 41 : 744-754.

Holland J.M. & Luff M.L. 2000. The effects of agricultural practices on Carabidae in temperate agroecosystems. Integrated Pest Management Reviews, 5 : 109-129.

I

Ings T.C. & Hartley S.E. 1999. The effect of habitat structure on carabid communities during the regeneration of a native Scottish forest. Forest Ecology and Management, 119 : 123-136.

Ishitani M., Kotze D.J. & Niemelä J. 2003. Changes in carabid beetle assemblages across an urban-rural gradient in Japan. Ecography, 26 : 481-489.

J

Jeannel R. 1941. 1942. Faune de France 39 Coléoptères carabiques première et deuxième partie. Paul Lechevalier et fils Eds, Paris.

Jenks M. & Dempsey N., 2005. Future forms and design for sustainable cities. Elsevier, Oxford.

Jenks M., Burton E. & Williams K. 1996. The compact city. A sustainable urban form? SPON, London.

Jim C.Y. & Chen W.Y. 2008. Pattern and divergence of tree communities in Taipei's main urban green spaces. Landscape and Urban Planning, 84 : 321-323.

K

Kadas G. 2006. Rare invertebrates colonizing green roofs in London. Urban Habitats, 4: 66-86.

Kaplan R. 1983. The role of nature in the urban context. In Altman I & Wohlwill J.F. (Eds.) Human behaviour and the environment: advances in theory and research, Volume 6. Plenum Press, New York.

Kaplan S. 1995. The urban forest as a source of psychological well-being. In Bradley G. A. (Ed.) Urban forest landscapes: Integrating multidisciplinary perspectives. University of Washington Press, Seattle

Kark S., Iwaniuk A., Schalimtzek A. & Banker E. 2007. Living in the city: can anyone become an 'urban exploiter'? Journal of Biogeography, 34: 638-651.

Keller M., Kljun N. & Zbinden I. 2004. ARTEMIS Road Emission Model version 0.2R, Modeldescription (Draft), INFRAS, Berne.

Kimberling D.N., Karr J.R. & Fore L.S. 2001. Measuring human disturbance using terrestrial invertebrates in the shrub–steppe of eastern Washington (USA). Ecological Indicators, 1 : 63-81.

Kiss B. & Samu F. 2002. Comparison of autumn and winter development of two wolf spider species (Pardosa, Lycosidae, Araneae) having different fife history patrerns. Journal of Arachnology, 30 : 409-415.

Klotz S. 1990. Species/area and species/inhabitants relations in European cities. In Sukopp H., Hejny S. & Kowarik I. Urban ecology-plants and plant communities in urban environments. SPB Academic Publishing, The Hague.

Koh L.P. & Sodhi N.S. 2004. Importance of reserves, fragments, and parks for butterfly conservation in a tropical urban landscape. Ecological Application, 14 : 1695-1708.

Kühn I., Brandl R., May R. & Klotz S. 2004. The flora of German cities is naturally species rich. Evolutionary Ecology Research, 6 : 749-764.

L

Lancaster R.K. & Rees W.E. 1979. Bird communities and the structure of urban habitats. Canadian Journal of Zoology, 57 : 2358-2368.

Lapp K. 2005. La ville, un avenir pour la biodiversité ? Ecologie et Politique, 30 : 41-54.

Larrivée M. & Buddle C.M. 2009. Diversity of canopy and understorey spiders in north-temperate hardwood forests. Agricultural and Forest Entomology : 11 : 225-237.

Łaska G. 2001. The disturbance and vegetation dynamics: a review and an alternative framework. Plant Ecology, 157 : 77-99.

Le Cœur D., Baudry J., Burel F. & Thenail C. 2002. Why and how we should study field boundaries biodiversity in an agrarian landscape context. Agriculture, Ecosystems and Environment, 89 : 23-40.

Le Péru B. 2007. Catalogue et répartition des araignées de France. Revue Arachnologique, 16 : 1-458.

Le Rudulier J. 1994. Présentation de l'expérience de la ville de Rennes. In Actes du colloque européen: vers la gestion différenciée des espaces verts. CNFPT, Dijon.

Legendre L. & Legendre P. 1984. Écologie numérique, Tome 2 : La structure des données écologiques. Masson, Paris. 2ème édition revue et augmentée.

Lehvävirta S., Kotze D.J. & Niemelä J. 2006. Effects of fragmentation and trampling on carabid beetle assemblages in urban woodlands in Helsinki, Finland. Urban Ecosystems, 9 : 13-26.

Lindroth C.H. 1992. Ground beetles (Carabidae) of Fennoscandia, a zoogeographic study, Part I. Intercept, Andover.

Lopez-Mosquera N & Sanchez M. 2011. The influence of personal values in the economic-use valuation of peri-urban green spaces: An application of the means-end chain theory. Tourism Management, 32 : 875-889.

Loram A., Warren P.H. & Gaston K.J. 2008. Urban domestic gardens (XIV): The characteristics of gardens in five cities. Environmental Management, 42 : 361-376.

Luff M.L. 1975. Some features affecting the efficiency of pitfall traps. Oecologia, 19 : 345-357.

Luff M.L. 1998. Provisional atlas of the ground beetles (Coleoptera, Carabidae) of Britain. Biological Records Centre, Huntington.

Luff M.L., Eyre M.D. & Rushton S.P. 1992. Classification and prediction of grassland habitats using ground beetles (Coleoptera, Carabidae). Journal of Environmental Management, 35 : 301-315.

Lundholm J.T. 2006. Green roofs and biodiversity. Urban habitats, 4: 87-101.

M

Magura T, Horváth R. & Tóthmérész B. 2010. Effects of urbanization on ground-dwelling spiders in forest patches, in Hungary. Landscape Ecology, 25 : 621-629.

Magura T., Tothmeresz B. & Bordan Z.S., 2000. Effects of nature management practice on carabid assemblages (Coleoptera: Carabidae) in a non-native plantation. Biological Conservation, 93 : 95-102.

Magura T., Tóthmérész B. & Molnar T. 2004. Changes in carabid beetle assemblages along an urbanisation gradient in the city of Debrecen, Hungary. Landscape Ecology, 19 : 747-759.

Marc P., Canard A. & Ysnel F. 1999. Spiders (Araneae) useful for pest limitation and bioindication. Agriculture, Ecosystems and Environnent, 74 : 229-273.

Marshall E.J.P., Maudsley M.J., West T.M. & Rowcliffe H.R. 2001. Effects of management on the biodiversity of English hedgerows. Hedgerow of the world: their ecological functions in different landscapes. Proceedings of the 10th Annual Conference of the International Association for Landscape Ecology, held at Birmingham University.

Marzluff J.M. 2001. Worldwide urbanisation and its effects on birds. In Marzluff J. M., Bowman R. & Boston D. R. (Eds) Avian ecology and conservation in an urbanizing world. Kluwer Academic Publishers, Boston.

McClure H.E. 1989. What characterizes an urban bird? Journal of the Yamashina Institute for Ornithology, 21 : 178-192.

McCollin D., Jackson J, Barr C.J., Bunce R.G.H. & Stuart R. 2000. Hedgerows as habitat for woodland plants. Journal of Environmental Management, 60 : 77-90.

McGarigal K., CushmanS.A., Neel M.C. & Ene E. 2002. FRAGSTATS: Spatial pattern analysis program for categorical maps. Computer software program produced by the authors at the University of Massachusetts, Amherst.

McGeoch M.A. 1998. The selection, testing and application of terrestrial insects as bioindicators. Biological Reviews, 73: 181-201.

McKinney M.L. 2002. Urbanisation, biodiversity, and conservation. Bioscience, 52 : 883-890.

McKinney M.L. 2006. Urbanisation as a major cause of biotic homogenization. Biological Conservation, 127 : 247-260.

McKinney M.L. 2008. Effects of urbanization on species richness: A review of plants and animals. Urban Ecosystems, 11 : 161-176.

Merriam G. & Lanoue A. 1990. Corridor use by small mammals: Field measurements for three experimental types of Peromyscus leucopus. Landscape Ecology, 4 :123-131.

Michel N., Burel F. & Butet A. 2006. How does landscape use influence small mammal diversity, abundance and biomass in hedgerow networks of farming landscapes ? Acta Oecologica, 30: 11-20.

Michel N., Burel F., Legendre P. & Butet A. 2007. Role of habitat and landscape in structuring small mammal assemblages in hedgerow networks of contrasted farming landscapes in Brittany, France. Landscape Ecology, 22 : 1241-1253.

Miller J.R. & Hobbs R.J. 2002. Conservation where people live and work. Biological Conservation, 16 : 330-337.

Nicot B.-H. 1996. Une mesure de l'étalement urbain en France, 1982-1990. Revue d'Économie Régionale et Urbaine, 1 : 71-98.

Niemelä J. 1999. Ecology and urban planning. Biodiversity and Conservation, 8 : 119-131.

Niemelä J. 2009. Carabid beetle assemblages along urban to rural gradients: A review. Landscape and Urban Planning, 92 : 65-71.

Niemelä J., Kotze D.J., Venn S., Penev L., Stoyanov I., Spence J., Hartley D. & Montes de Oca E. 2002. Carabid beetle assemblages (Coleoptera, Carabidae) across urban-rural gradients: an international comparison. Landscape Ecology, 17 : 387-401.

O

O'Neill R.V. 1989. Perspectives in hierarchy and scale. In Roughgarden J., May M. & Levin A. (Eds) Perspectives in Ecology Theory. Princeton University Press, Princeton.

Obrist M.K. & Duelli P. 1996. Trapping efficiency of funnel- and cup-traps for epigeal arthropods. Mitteilungen der Schweizerischen Entomologischen Gesellschaft, 69 : 367-369.

O'Hara R.B. & Kotze D.J. 2010. Do not log-transform count data. Methods in Ecology and Evolution, 1 : 118-122.

Olden J.D. & Poff N.L. 2004. Clarifying biotic homogenization. Trends in Ecology and Evolution, 19 : 282-283.

Olden J.D., Poff N.L., Douglas M.R., Douglas M.E. & Fausch K.D. 2004, Ecological and evolutionary consequences of biotic homogenization. Trends in Ecology and Evolution, 19 : 18-24.

Oliver I. & Beattie A.J. 1996. Designing a costeffective invertebrate survey: a test of methods for rapid assessment of biodiversity. Ecological Applications, 6 : 594-607.

Ormerod S.J. 2003. Restoration in applied ecology: editor's introduction. Journal of Applied Ecology, 40: 44-50.

Ouin A., Martin M. & Burel F. 2008. Agricultural landscape connectivity for the meadow brown butterfly (Maniola jurtina). Agriculture, Ecosystems and Environnement, 124 : 193-199.

P

Pacheco R. & Vasconcelos H.L. 2007. Invertebrate conservation in urban areas: Ants in the Brazilian Cerrado. Landscape and Urban Planning, 81 : 193-199.

Pearce J.L. & Venier L.A. 2006. The use of ground beetles (Coleoptera: Carabidae) and spiders (Araneae) as bioindicators of sustainable forest management: A review. Ecological Indicators, 6 : 780-793.

Pétillon J, Lambeets K, Montaigne W, Maelfait J.-P. & Bonte D. 2010. Habitat structure modified by an invasive grass enhances inundation withstanding in a salt-marsh wolf spider. Biological Invasions, 12 : 3219-3226.

Pétillon J., Georges A., Canard A., Lefeuvre J.-C., Bakker J.P. & Ysnel F. 2008. Influence of abiotic factors on spider and ground beetles communities in different salt-marsh systems. Basic and Applied Ecology, 9 : 743-751.

Pichancourt J., Burel F. & Auger P. 2006. Assessing the effect of habitat fragmentation on population dynamics: An implicit modelling approach. Ecological Modelling, 192 : 543-556.

Pickett S.T.A., Kolasa J., Armesto J.J. & Collins S.L. 1989. The ecological concept of disturbance and its expression at various hierarchical levels. Oikos, 54 : 129-136.

Pollard E. & Yates T.J. 1993. Monitoring butterflies for ecology and conservation. Chapman & Hall, London.

Prevot-Julliard A.-C. & Clavel J. 2007. Quelle nature en ville, un point de vue de biologistes. Le Biodiversitaire 3, 15-17.

Q

Quénol H., Dubreuil V., Mimet A., Pellissier V., Aguejdad R., Clergeau P. & Bridier S. 2010. Climat urbain et impact sur la phénologie végétale printanière. La Météorologie, 68 : 50-57.

R

R Development Core Team. 2009. R: A language and environment for statistical computing. R Foundation for Statistical Computing,Vienna.

Rainio J. & Niemelä J. 2003. Ground beetles (Coleoptera: Carabidae) as bioindicators. Biodiversity and Conservation, 12 : 487-506.

Reduron J.P. 1996. The role of biodiversity in urban areas and the role of cities in biodiversity conservation. In di Casttri F. & Younès T. (Eds.) Biodiversity, sciences and development: Towards a new partenership. CAB International, Wallingford.

Reygrobellet M.B. 2007. la nature dans la ville biodiversité et urbanisme. Les éditions des Journaux officiels, Paris.

Ricklefs R.E. & Miller G.L. 2005. Ecologie. de Boeck, Paris

Roberts M.J. 1987. The spiders of Great Britain and Ireland. Harley Books, Colchester, Essex.

Roberts M.J. 1995. Spiders of Britain and Northern Europe. HarperCollins Publishers, London.

Rochefort S. 2006. Impact de différents types d'entretien de pelouses sur l'abondance et la diversité des arthropodes, et potentiel des graminées endophytiques dans la lutte aux insectes ravageurs. PhD, Faculté sciences de l'agriculture et de l'alimentation, Laval.

Roger G.O. & Sukolratanametee S. 2009. Neighbourhood design and sense of community: comparing suburban neighbourhoods in Houston Texas. Landscape and Urban Planning, 92 : 325-334.

Rolland E. 2009. Villes et gestion des espaces verts : élaboration d'un outil d'évaluation qualitative. Mémoire de Maîtrise en environnement, Université de Sherbrooke, Sherbrooke, Troyes.

Roy V. & de Blois S. 2008. Evaluating hedgerow corridors for the conservation of native forest herb diversity. Biological Conservation, 141 : 298-307.

Ruszcyk A. & Silva C.F. 1997. Butterflies select microhabitats on building walls. Landscape and Urban Planning, 38 : 119-127.

S

Sadler J.P., Small E.C., Fiszpan H., Telfer M.G. & Niemelä J. 2006. Investigating environmental variation and landscape characteristics of an urban-rural gradient using woodland carabid assemblages. Journal of Biogeography, 33 : 1126-1138.

Saint Arnaud M. 2008. Les espaces verts en milieu urbain au Quebec : Avantages, problématique et recommandations. Mémoire de Maîtrise en environnement, Université de Sherbrooke, Sherbrooke.

Sanford M.P., Manley P.N. &Murphy D.D. 2008. Effects of urban development on ant communities: implications for ecosystem services and management. Conservation Biology, 23 : 131-141.

Sarlöv-Herlin I.L. & Fry G.L.A. 2000. Dispersal of woody plants in forest edges and hedgerows in a Southern Swedish agricultural area: the role of site and landscape structure. Landscape Ecology, 15 : 229-242.

Saska P. 2007. Diversity of carabids (Coleoptera: Carabidae) within two Dutch cereal fields and their boundaries. Baltic Journal Coleopterology, 7 : 37 - 50.

Savard J.-P.L., Clergeau P. & Mennechez G. 2000. Biodiversity concepts and urban ecosystems. Landscape and Urban Planning, 48 : 131-142.

Schmidt H. 1994. Bilan économique de la gestion différenciée. In Actes du colloque européen: vers la gestion différenciée des espaces verts. CNFPT, Dijon.

Schmidt M.H., Clough Y., Schulz W., Westphalen A. & Tscharntke T. 2006. Capture efficiency and preservation attributes of different fluids in pitfall traps. Journal of Arachnology, 34 : 159-162.

Schmidt M.H., Roschewitz I., Thies C. & Tscharntke T. 2005. Differential effects of landscape and management on diversity and density of ground-dwelling farmland spiders. Journal of Applied Ecology, 42 : 281-287.

Schweiger O., Maelfait J.P., Van Wingerden W., Hendrickx F., Billeter R., Speelmans M., Augenstein I., Aukema B., Aviron S., Bailey D., Bukacek

R., Burel F., Diekotter T., Dirksen J., Frenzel M., Herzog F., Liira J., Roubalova M. & Bugter R. 2005. Quantifying the impact of environmental factors on arthropod communities in agricultural landscapes across organizational levels and spatial scales. Journal of Applied Ecology, 42 : 1129-1139.

Semenova O.V. 2008. Ecology of ground beetles in an industrial city. Russian Journal of Ecology, 39 : 444-450.

Smith R.M., Thompson K., Hodgson J.G., Warren P.H. & Gaston K.J. 2006. Urban domestic gardens (IX): Composition and richness of the vascular plant flora, and implications for native biodiversity. Biological Conservation, 129 : 312-322.

Soltner D. 1991. Le livre des bocages : l'arbre et la haie, pour la production agricole, pour l'équilibre écologique, et le cadre de vie rurale (9ème édition). Sciences et techniques agricoles, Paris.

Stadler J., Trefflich A., Klotz S. & Brandl R. 2000. Exotic plant species invade diversity hot spots: the alien flora of northwestern Kenya. Ecography, 23 : 169-176.

Stefanescu C., Herrando S. & Páramo F. 2004. Butterfly species richness in the north-west Mediterranean Basin: the role of natural and human-induced factors. Journal of Biogeography, 31 : 905-915.

Sunderland K.D., De Snoo G.R., Dinter A., Hance T., Helenius J., Jepson P., Kromp B., Samu F., Sotherton N.W., Toft S. & Ulber B. 1995. Density estimation for invertebrate predators in agroecosystems. In Toft S. & Riedel W. (Eds.) Arthropod natural enemies in arable land. I. Density, spatial heterogeneity and dispersal. Acta Jutlandica, Aarhus University Press, Århus.

T

Ter Braak C.J.F. & Šmilauer P. 2002. CANOCO reference manual and user's guide to Canoco for Windows: Sofware for canonical community ordination (version 4.5). Microcomputer Power, Ithaca, New York.

Thiele H.-U. 1977. Carabid beetles in their environments. Springer-Verlag, Berlin.

Tilman D. 1983. Plant succession and gopher disturbance along an experimental gradient. Oecologia, 60: 285-292.

Tischendorf L., Irmler U. & Hingst R. 1998. A simulation experiment on the potential of hedgerows as movement corridors for forest carabids. Ecological Modeling, 1006 : 107-118.

Topping C.J. & Sunderland K.D. 1992. Limitations in the use of pitfall traps in ecological studies exemplified by a study of spiders in a field of winter wheat. Journal of Applied Ecology, 29 : 485-491.

Tratalos J., Fuller R.A., Warren P.H., Davies R.G. & Gaston K.J. 2007. Urban form, biodiversity potential and ecosystem services. Landscape and Urban Planning, 83 : 308-317.

Trautner J. & Geigenmüller K. 1987. Tiger beetles, ground beetles illustrated key to the Cicindelidae and Carabidae of Europe. Josef Margraf Eds, Aichtal.

U

Uetz G.W. 1979. The influence of variation in litter habitats on spider communities. Oecologia, 40 : 29-42.

Uetz G.W., Halaj J. & Cady A.B. 1999. Guild structure of spiders in major crops. Journal of Arachnology, 27 : 270-280.

Ulrich R.S., Simons R.T., Losito B.D., Fiorito E., Miles M.A. & Zelson M. 1991. Stress recovery during exposure to natural and urban environments. Journal of Environmental Psychology, 11 : 201-230.

United Nations. 2008. World urbanization prospects, The 2007 Revision. New York.

V

Vallet J., Daniel H., Beaujouan V. & Roré F. 2008. Plant species response to urbanization : comparison of isoleted woodland patches in two cities of Noth-Western France. Lanscape Ecology, 23 : 1205-1217.

Van Swaay C.A.M., Maes D. & Plate C. 1997. Monitoring butterflies in the Netherlands and Flanders: the first results. Journal of Insect Conservation, 1 : 81-87.

Varet M., Pétillon J. & Burel F. 2011. Comparative responses of spider and carabid beetle assemblages along an urban-rural boundary gradient. Journal of Arachnology, in press.

Venn S., Kotze D.J. & Niemelä J. 2003. Urbanisation effects on carabid diversity in boreal forests. European Journal of Entomology, 100 : 73-80.

Verboom B. & van Apeldoorn R. 1990. Effects of habitat fragmentation on the red squirrel, *Sciurus vulgaris* L. Landscape Ecology, 4 : 171-176.

Verschoor B.C. & Krebs B.P.M. 1995. Diversity changes in a plant and carabid community during early succession in an embanked salt-marsh area. Pedobiologia, 39 : 405-416.

Vilisics F., Eleka Z., Lovei G.L. & Hornung E. 2007. Composition of terrestrial isopod assemblages along an urbanisation gradient in Denmark. Pedobiologia, 51 : 45-53.

Vincent P.J. & Haworth J.M. 1983. Poisson regression models of species abundance. Journal of Biogeography, 10 : 153-160.

Voogt J.A. & Oke T.R. 2003. Thermal remote sensing of urban areas. Remote Sensing of Environment, 86 : 370-384.

W

Wania A., Kühn I. & Klotz S. 2006. Plant richness patterns in agricultural and urban landscapes in Central Germany - spatial gradients of species richness. Landscape and Urban Planning, 75 : 97-110.

Weber C. 2003. Interaction model application for urban planning. Landscape and Urban Planning, 63 : 49-60.

Weigmann G. 1982. The colonization of ruderal biotopes in the city of Berlin by arthropods. Pp.75-82. In Bornkamm R., Lee J.A. & Seaward M.R.D. (Eds) Urban ecology. Blackwell Scientific Publications, Oxford.

Weller B. & Ganzhorn J.U. 2004. Carabid beetle community composition, body size, and fluctuating asymmetry along an urban-rural gradient. Basic and Applied Ecology, 5 : 193-201.

White P.S. & Pickett S.T.A. 1985. Natural disturbance and patch dynamics: an introduction. In Pickett S.T.A. & White P.S. (Eds) The Ecology of Natural Disturbance and Patch Dynamics. Academic Press, New York.

White P.S. 1979. Pattern, process, and natural disturbance in vegetation. Botanical Review, 45 : 229-299.

Wilcox B.A. & Murphy D.D. 1985. Conservation strategy: the effects of fragmentation on extinction. American Naturalist, 125 : 879-887.

Williams K., Burton E & Jenks M. 2000. Achieving Sustainable Urban Form. SPON, London.

X-Y-Z

Yamaguchi T. 2004. Influence of urbanisation on ant distribution in parks of Tokyo and Chiba City, Japan - I. Analysis of ant species richness. Ecological Research, 19 : 209-216.

Young R.F. 2010. Managing municipal green space for ecosystem services. Urban Forestry and Urban Greening, 9 : 313-321.

Ysnel F. & Canard A. 2000. Spider biodiversity in connection with the vegetation structure and the foliage orientation of hedges. Journal of Arachnology, 28 : 107-114.

9. Annexes

Annexe 1 : Liste des espèces d'araignées observées au cours des 3 années

Genre	Espèce	Famille	descripteur et année
Pardosa	hortensis	Lycosidae	(Thorell, 1872)
Pardosa	prativaga	Lycosidae	(Koch, 1870)
Ozyptila	praticola	Thomisidae	(Koch, 1837)
Alopecosa	pulverulenta	Lycosidae	(Clerck, 1757)
Dysdera	crocata	Dysderidae	(Koch, 1839)
Zodarion	italicum	Zodariidae	(Canestrini, 1868)
Pisaura	mirabilis	Pisauridae	(Clerck, 1757)
Trochosa	ruricola	Lycosidae	(de Geer, 1778)
Pardosa	pullata	Lycosidae	(Clerck, 1757)
Pardosa	saltans	Lycosidae	Töpfer-Hofmann, 2000
Pardosa	amentata	Lycosidae	(Clerck, 1757)
Microneta	viaria	Linyphiidae	(Blackwall, 1841)
Clubiona	terrestris	Clubionidae	Westring, 1851
Scotina	celans	Liocranidae	(Blackwall, 1841)
Tenuiphantes	tenuis	Linyphiidae	(Blackwall, 1852)
Neriene	clathrata	Linyphiidae	(Sundevall, 1829)
Pachygnatha	degeeri	Tetragnathidae	Sundevall, 1829
Drassodes	lapidosus	Gnaphosidae	(Walckenaer, 1802)
Enoplognatha	thoracica	Theridiidae	(Hahn, 1833)
Agroeca	inopina	Liocranidae	Cambridge, 1886
Clubiona	comta	Clubionidae	Koch, 1839
Trachyzelotes	pedestris	Gnaphosidae	(Koch, 1837)
Hahnia	nava	Hahniidae	(Blackwall, 1841)
Trochosa	terricola	Lycosidae	Thorell, 1856
Micariosoma	festivus	Corinnidae	(Koch, 1835).
Diplostyla	concolor	Linyphiidae	(Wider, 1834)
Erigone	dentipalpis	Linyphiidae	(Wider, 1834)
Diplocephalus	picinus	Linyphiidae	(Blackwall, 1841)
Pardosa	lugubris	Lycosidae	(Walckenaer, 1802)
Pardosa	proxima	Lycosidae	(Koch, 1848)
Harpactea	hombergi	Dysderidae	(Scopoli, 1763)
Micaria	pulicaria	Gnaphosidae	(Sundevall, 1831)
Dysdera	erythrina	Dysderidae	(Walckenaer, 1802)
Tenuiphantes	flavipes	Linyphiidae	(Blackwall, 1854)
Tegenaria	saeva	Agelenidae	Blackwall, 1844
Tiso	vagans	Linyphiidae	(Blackwall, 1834)

Haplodrassus	signifer	Gnaphosidae	(Koch, 1839)
Walkenaeria	acuminata	Linyphiidae	Blackwall, 1833
Drassyllus	pusillus	Gnaphosidae	(Koch, 1833)
Tegenaria	picta	Agelenidae	Simon, 1870
Zelotes	civicus	Gnaphosidae	(Simon, 1878)
Ozyptila	simplex	Thomisidae	(Cambridge, 1862)
Diplocephalus	latifrons	Linyphiidae	(Cambridge, 1863)
Haplodrassus	silvestris	Gnaphosidae	(Blackwall, 1833)
Zora	spinimana	Zoridae	(Sundevall, 1833)
Monocephalus	fuscipes	Linyphiidae	(Blackwall, 1836)
Xysticus	cristatus	Thomisidae	(Clerck, 1757)
Pachygnatha	clercki	Tetragnathidae	Sundevall, 1823
Collinsia	inerrans	Linyphiidae	(Cambridge, 1885)
Oedothorax	retusus	Linyphiidae	(Westring, 1851)
Erigone	atra	Linyphiidae	Blackwall, 1833
Aulonia	albimana	Lycosidae	(Walckenaer, 1805)
Stemonyohantes	lineatus	Linyphiidae	(Linnaeus, 1758)
Pardosa	palustris	Lycosidae	(Linnaeus, 1758)
Micrargus	subaequalis	Linyphiidae	(Westring, 1851)
Cicurina	cicur	Dictynidae	(Fabricius, 1793)
Anyphaena	accentuata	Anyphaenidae	(Walckenaer, 1802)
Zelotes	apricorum	Gnaphosidae	(Koch, 1876)
Oedothorax	fuscus	Linyphiidae	(Blackwall, 1834)
Micariosoma	minimus	Corinnidae	Koch, 1839
Pseudeuophrys	erratica	Salticidae	(Walckenaer, 1826)
Ero	furcata	Mimetidae	(Villers, 1789)
Pocadicnemis	juncea	Linyphiidae	Locket & Millidge, 1953
Pirata	latitans	Lycosidae	(Blackwall, 1841)
Ostearius	melanopygius	Linyphiidae	(Cambridge, 1879)
Gongylidium	rufipes	Linyphiidae	(Linnaeus, 1758)
Ceratinella	scabrosa	Linyphiidae	(Cambridge, 1871)
Atypus	affinis	Atypidae	Eichwald, 1830
Agroeca	brunnea	Liocranidae	(Blackwall, 1833)
Zelotes	subterraneus	Gnaphosidae	(Koch, 1833)
Maso	sundevalli	Linyphiidae	(Westring, 1851)
Micrargus	apertus	Linyphiidae	(Cambridge, 1871)
Tenuiphantes	zimmermanni	Linyphiidae	(Bertkau, 1890)
Amaurobius	ferox	Amaurobiidae	(Walckenaer, 1830)
Segestria	florentina	Segestriidae	(Rossi, 1790)
Philodromus	limbatus	Philodromidae	(Walckenaer, 1826)
Neriene	montana	Linyphiidae	(Clerck, 1757)

Amaurobius	*erberi*	Amaurobiidae	(Keyserling, 1863)
Steatoda	*grossa*	Theridiidae	(Koch, 1838)
Xysticus	*kochi*	Thomisidae	Thorell, 1872
Palliduphantes	*pallidus*	Linyphiidae	(Cambridge, 1871)
Ozyptila	*sanctuaria*	Thomisidae	(Cambridge, 1871)
Centromerus	*sylvaticus*	Linyphiidae	(Blackwall, 1841)
Troxochrus	*scabriculus*	Linyphiidae	(Westring, 1851)
Tegenaria	*agrestis*	Agelenidae	(Walckenaer, 1802)
Walkenaeria	*antica*	Linyphiidae	(Wider, 1834)
Bathyphantes	*gracilis*	Linyphiidae	(Blackwall, 1841)
Lepthyphantes	*minutus*	Linyphiidae	(Blackwall, 1833)
Walckenaeria	*obtusa*	Linyphiidae	Blackwall, 1836
Argenna	*subnigra*	Dictynidae	(Cambridge, 1861)
Walkenaeria	*alticeps*	Linyphiidae	(Denis, 1952)
Centromerita	*bicolor*	Linyphiidae	(Blackwall, 1833)
Monocephalus	*castaneipes*	Linyphiidae	(Simon, 1884)
Gnathonarium	*dentatum*	Linyphiidae	(Wider, 1834)
Lepthyphantes	*leprosus*	Linyphiidae	(Ohlert, 1865)
Pardosa	*nigriceps*	Lycosidae	(Thorell, 1856)
Pirata	*piraticus*	Lycosidae	(Clerck, 1757)
Panamomops	*sulcifrons*	Linyphiidae	(Wider, 1834)
Tegenaria	*atrica*	Agelenidae	Koch, 1843
Alopecosa	*cuneata*	Lycosidae	(Clerck, 1757)
Heliophanus	*cupreus*	Salticidae	Walckenaer, 1802
Zilla	*diodia*	Araneidae	(Walckenaer, 1802)
Palliduphantes	*ericaeus*	Linyphiidae	(Blackwall, 1853)
Myrmarachne	*formicaria*	Salticidae	(de Geer, 1778)
Euophrys	*frontalis*	Salticidae	(Walckenaer, 1802)
Micrargus	*herbigradus*	Linyphiidae	(Blackwall, 1854)
Lathys	*humilis*	Dictynidae	(Blackwall, 1855)
Erigonella	*ignobilis*	Linyphiidae	(Cambridge, 1871)
Agelena	*labyrinthica*	Agelenidae	(Clerck, 1757)
Arctosa	*leopardus*	Lycosidae	(Sundevall, 1832)
Enoplognatha	*mandibularis*	Theridiidae	(Lucas, 1846)
Metellina	*mengei*	Thetragnathidae	(Blackwall, 1869)
Cheiracanthium	*mildei*	Miturgidae	Koch, 1864
Philodromus	*albidus*	Philodromidae	Kulczynski, 1911
Micaria	*albovittata*	Gnaphosidae	(Lucas, 1846)
Oedothorax	*apicatus*	Linyphiidae	(Blackwall, 1850)
Robertus	*arundineti*	Theridiidae	(Cambridge, 1971)
Heliophanus	*auratus*	Salticidae	Koch, 1835

Dismodicus	bifrons	Linyphiidae	(Blackwall, 1841)
Hypomma	bituberculatum	Linyphiidae	(Wider, 1834)
Ozyptila	blackwalli	Thomisidae	Simon, 1875
Ceratinella	brevipes	Linyphiidae	(Westring, 1851)
Philodromus	cespitum	Philodromidae	Walckenaer, 1802
Drassodes	cupreus	Gnaphosidae	(Blackwall, 1834)
Zodarion	gallicum	Zodariidae	(Simon, 1873)
Pholcomma	gibbum	Theridiidae	(Westring, 1851)
Crustulina	guttata	Theridiidae	(Wider, 1834)
Erigonella	hiemalis	Linyphiidae	(Blackwall, 1841)
Robertus	lividus	Theridiidae	(Blackwall, 1836)
Xysticus	luctator	Thomisidae	Koch, 1870
Agroeca	lusatica	Liocranidae	(Koch, 1875)
Clubiona	lutescens	Clubionidae	Westring, 1851
Theridion	melanurum	Theridiidae	Hahn, 1831
Xerolycosa	nemoralis	Lycosidae	(Westring, 1861)
Dicymbium	nigrum	Linyphiidae	(Blackwall, 1834)
Paidiscura	pallens	Theridiidae	(Blackwall, 1834)
Clubiona	pallidula	Clubionidae	(Clerck, 1757)
Hyptiotes	paradoxus	Uloboridae	(Koch, 1834)
Bathyphantes	parvulus	Linyphiidae	(Westring, 1851)
Clubiona	reclusa	Clubionidae	Cambridge, 1863
Macrargus	rufus	Linyphiidae	(Wider, 1834)
Meioneta	rurestris	Linyphiidae	(Koch, 1836)
Meioneta	saxatilis	Linyphiidae	(Blackwall, 1844)
Salticus	scenicus	Salticidae	(Clerck, 1757)
Segestria	senoculata	Segestriidae	(Linnaeus, 1758)
Amaurobius	similis	Amaurobiidae	(Blackwall, 1861)
Drapetisca	socialis	Linyphiidae	(Sundevall, 1832)
Labulla	thoracica	Linyphiidae	(Wider, 1834)
Heliophanus	tribulosus	Salticidae	Simon, 1868
Episinus	truncatus	Theridiidae	Latreille, 1809
Theridion	varians	Theridiidae	Hahn, 1831
Walckenaeria	vigilax	Linyphiidae	(Blackwall, 1853)
Gongylidiellum	vivum	Linyphiidae	(Cambridge, 1875)
Pardosa	sp	Lycosidae	
Tegenaria	sp	Agelenidae	
Dysdera	sp	Dysderidae	
Clubiona	sp	Clubionidae	
Drassodes	sp	Gnaphosidae	
Trochosa	sp	Lycosidae	

Zelotes	sp	Gnaphosidae
Ozyptila	sp	Thomisidae
Amaurobius	sp	Amaurobiidae
Lepthyphantes	sp	Linyphiidae
Zodarion	sp	Zodariidae
Euophrys	sp	Salticidae
Theridion	sp	Theridiidae
Larinia	sp	Araneidae
Alopecosa	sp	Lycosidae
Pirata	sp	Lycosidae
Xysticus	sp	Thomisidae
Cheiracanthium	sp	Miturgidae
Coelotes	sp	Amaurobiidae
Erigone	sp	Linyphiidae
Ero	sp	Mimetidae
Gibbaranea	sp	Araneidae
Hahnia	sp	Hahniidae
Harpactea	sp	Dysderidae
Heliophanus	sp	Salticidae
Micaria	sp	Gnaphosidae
Neriene	sp	Linyphiidae
Pachygnatha	sp	Tetragnathidae
Philodromus	sp	Philodromidae
Robertus	sp	Theridiidae
Zoropsis	sp	Zoropsidae
Gr	sp	Lycosidae
Gr	sp	Linyphiidae
Gr	sp	Liocranidae
Gr	sp	Gnaphosidae
Gr	sp	Theridiidae
Gr	sp	Thomisidae
Gr	sp	Dictynidae
Gr	sp	Thoracica

Annexe 2 : Liste des espèces de carabiques observées au cours des 3 années

Genre	espèce	descripteur année
Nebria	*brevicollis*	(Fabricius, 1792).
Notiophilus	*quadripunctatus*	Dejean 1826
Notiophilus	*biguttatus*	(Fabricius, 1779).
Asaphidion	*flavipes*	(Linnaeus, 1761)
Pterostichus	*madidus*	(Fabricius, 1775)
Harpalus	*rubripes*	(Duftschmid, 1812).
Pterostichus	*melanarius*	(Illiger, 1798).
Harpalus	*rufipes*	(Degeer, 1774)
Harpalus	*affinis*	(Schrank, 1781)
Bembidion	*lampros*	(Herbst, 1784).
Pterostichus	*cupreus*	(Linnaeus, 1758)
Asaphidion	*stierlini*	Heyden, 1870
Agonum	*dorsale*	(Pontoppidan 1763)
Trechus	*rubens*	(Fabricius, 1792).
Notiophilus	*rufipes*	Curtis, 1829
Leistus	*fulvibarbis*	Dejean, 1826.
Badister	*bipustulatus*	(Fabricius, 1792)
Brachinus	*sclopeta*	(Fabricius, 1792)
Nebria	*salina*	Fairmaire et Laboulbene, 1854
Agonum	*albipes*	(Fabricius, 1796)
Loricera	*pilicornis*	(Fabricius, 1775).
Agonum	*moestum*	(Duftschmid, 1812)
Harpalus	*rufibarbis*	(Fabricius, 1792)
Metabletus	*obscuroguttatus*	(Duftschmid, 1812).
Oodes	*helopioides*	(Fabricius, 1792).
Bembidion	*quadrimaculatum*	(Linnaeus 1761)
Pterostichus	*strenuus*	(Panzer, 1797)
Stenolophus	*teutonus*	Schrank,1781
Abax	*parallelepipedus*	(Piller et Mitterpacher, 1783)
Anisodactylus	*binotatus*	(Fabricius, 1787)
Bembidion	*harpaloides*	Serville, 1821
Pterostichus	*nigrita*	(Paykull, 1790).
Carabus	*intricatus*	Linnaeus, 1761
Leistus	*ferrugineus*	Linne, 1758.

Pterostichus	*nigrita*	(Paykull, 1790).
Badister	*sodalis*	(Duftschmid, 1812).
Harpalus	*tardus*	(Panzer 1797)
Stomis	*pumicatus*	(Panzer, 1795).
Agonum	*muelleri*	(Herbst, 1784)
Bembidion	*dentellum*	(Thunberg, 1787)
Bembidion	*tetracolum*	Say, 1823.
Carabus	*granulatus*	Schaum, 1857;
Carabus	*problematicus*	Herbst, 1786.
Amara	*sp.*	
Microlestes	*sp.*	

Annexe 3 : Liste des espèces d'oiseaux observées

Nom scientifique	Nom vernaculaire
Anas platyrhynchos	Canard colvert
Apus apus	Martinet noir
Carduelis carduelis	Chardonneret élégant
Columba palumbus	Pigeon ramier
Corvus corone	Corneille noire
Delichon urbicum	Hirondelle de fenêtre
Dendrocopos major	Pic épeiche
Erithacus rubecula	Rouge gorge familier
Fringilla coelebs	Pinson des arbres
Gallinula chloropus	Gallinule poule-d'eau
Garrulus glandarius	Geai des chênes
Hirundo rustica	Hirondelle rustique
Larus ridibundus	Mouette rieuse
Parus caeruleus	Mésange bleue
Parus major	Mésange charbonnière
Passer domesticus	Moineau domestique
Phylloscopus collybita	Pouillot véloce
Pica pica	Pie bavarde
Prunella modularis	Accenteur mouchet
Pyrrhula pyrrhula	Bouvreuil pivoine
Serinus serinus	Serin cini
Streptopelia decaocto	Tourterelle turque
Sturnus vulgaris	Étourneau sansonnet
Sylvia atricapilla	Fauvette à tête noire
Troglodytes troglodytes	Troglodyte mignon
Turdus merula	Merle noir
Turdus philomelos	Grive musicienne

Annexe 4 : Liste des espèces de papillons observées

Nom scientifique	Nom vernaculaire
Aporia crataegi	Gazé
Coenonympha pamphilus	Procris
Colias crocea	Souci
Inachis io	Paon du jour
Iphiclides podalirius	Flambé
Lasiommata megera	Megère
Lycaenidae	Lycène bleu
Macroglossum stellatarum	Moro-Sphinx
Maniola jurtina	Myrtil
Melanargia galathea	Demi deuil
Pararge aegeria	Tircis
Pieris sp.	Pieride blanche
Polygonia c-album	Robert le diable
Pyronia tithonus	Amaryllis
Vanessa atalanta	Vulcain
Vanessa cardui	Belle dame

Oui, je veux morebooks!

i want morebooks!

Buy your books fast and straightforward online - at one of the world's fastest growing online book stores! Environmentally sound due to Print-on-Demand technologies.

Buy your books online at
www.get-morebooks.com

Achetez vos livres en ligne, vite et bien, sur l'une des librairies en ligne les plus performantes au monde!
En protégeant nos ressources et notre environnement grâce à l'impression à la demande.

La librairie en ligne pour acheter plus vite
www.morebooks.fr

OmniScriptum Marketing DEU GmbH
Heinrich-Böcking-Str. 6-8
D - 66121 Saarbrücken
Telefax: +49 681 93 81 567-9

info@omniscriptum.de
www.omniscriptum.de

Printed by Books on Demand GmbH, Norderstedt / Germany